# 借马庄泄洪闸重建工程施工监理研究与实践

程国伟 李富军 朱冬然 著

黄河水利出版社

·郑 州·

**图书在版编目（CIP）数据**

借马庄泄洪闸重建工程施工监理研究与实践 / 程国伟，李富军，朱冬然著 . —郑州：黄河水利出版社，2022.9

ISBN 978-7-5509-3370-5

Ⅰ. ①借… Ⅱ. ①程… ②李… ③朱… Ⅲ. ①泄洪闸 – 工程施工 – 施工监理 – 研究 – 邯郸 Ⅳ. ①TV66

中国版本图书馆 CIP 数据核字（2022）第 158720 号

组稿编辑：王志宽　　电话：0371-66024331　　E-mail：wangzhikuan83@126.com

出 版 社：黄河水利出版社　　　　　　　　　　　　　网址：www.yrcp.com
　　　　　　地址：河南省郑州市顺河路黄委会综合楼 14 层　　邮政编码：450003
发行单位：黄河水利出版社
　　　　　　发行部电话：0371-66026940、66020550、66028024、66022620（传真）
　　　　　　E-mail：hhslcbs@126.com
承印单位：河南新华印刷集团有限公司
开本：787 mm × 1 092 mm　　1/16
印张：10
字数：240 千字
版次：2022 年 9 月第 1 版　　　　　　　　　印次：2022 年 9 月第 1 次印刷

定价：75.00 元

# 前　言

大中型水利工程建设周期长、技术难度大、施工工序多，如何有效加强质量、安全、资金、进度等过程控制，是长期困扰施工监理人员的一大难题。利用工程建设项目监理系统可实现对水利枢纽设计、采购、施工、验收、运行等各个环节进行协调和管理，并实现对工程项目管理计划与进度、投资与成本、合同、质量、安全、设计和施工的控制，规范工程建设监理管理的流程，实现工程建设监理的程序化、规范化和精细化管理，以及建设过程和生命周期的电子跟踪，提高工程建设各参建单位的工作效率，实现项目参与方的高效协作，提高工程建设管理的科学合理性和综合效益。本书以永年县借马庄泄洪闸重建工程为例，详细论述当前大中型水利工程建设项目施工监理的研究与实践。

永年县借马庄泄洪闸重建工程位于永年洼北岸，借马庄村西留垒河上，是永年洼内洪水下泄的控制性口门。它的主要作用是通过调蓄永年洼内洪水，削减永年洼上游支漳河分洪道、滏阳河、团结渠的洪峰流量，使洪水及时安全的下泄，从而保障邯郸市主城区的防洪安全。永年县借马庄泄洪闸为中型水闸，工程等别为Ⅲ等，主要建筑物为3级，次要建筑物为4级。5年一遇设计水位42.68 m，设计泄洪流量为125 $m^3/s$，10年一遇校核水位43.47 m，校核泄洪流量为365 $m^3/s$。

永年县借马庄泄洪闸重建工程建设周期长、覆盖范围广、投资金额大、管理任务重、时间要求紧；工程建设项目管理涉及项目立项、招标投标、规划设计、项目施工、物资采购、合同验收、资产移交等多个环节，涵盖技术管理、合同管理、进度管理、质量管理、安全管理、资产管理、档案管理等多个类别。要确保工程建设顺利实施，就必须紧密结合工程建设实际，通过对借马庄泄洪闸工程建设施工监理的研究与总结，加强工程建设的全过程跟踪和管理，为建设方、设计方、监理方、施工方、设备供应商等工程参建各方提供协同工作平台，实现各专业业务的流程化、一体化管理，提高工程建设管理的现代化能力，促进工程效益发挥。

鉴于作者水平有限，疏漏与不妥之处在所难免，敬请专家和读者指正。

作　者

2022年5月于河北邯郸

# 目　录

# 第一章　工程设计基本情况

## 第一节　工程位置及工程概况

永年县借马庄泄洪闸位于永年洼北岸,借马庄村西留垒河上游,地理位置在北纬36°43′13″,东经114°44′41″,是永年洼内洪水下泄的口门,建于1967年。留垒河是1967年将原牛尾河开宽加深,改名为留垒河,自借马庄泄洪闸至鸡泽县马坊营村西出境,邯郸市境内全长32 km,两岸筑有大堤,堤顶宽5 m,设计泄洪流量125 m³/s,校核泄洪流量365 m³/s,永年县借马庄泄洪闸是永年洼滞洪区下部唯一的泄洪出路。它的主要作用是调蓄永年洼内洪水,使洪水及时安全的下泄,并削减永年洼上游支漳河分洪道、滏阳河、团结渠的洪峰流量,避免河道洪涝灾害的发生。

借马庄闸为泄洪闸,现状共6孔,每孔净宽6 m,每两孔一联。墩顶上游端架有C20钢筋混凝土T形梁装配式公路桥,荷载标准是汽−8设计,拖−30校核。中部架有C20钢筋混凝土门型装配式机架桥,每孔桥上装设2×15 t固定卷扬启闭机1台,共计6台;闸身两侧为C15混凝土预制箱格式挡土墙,闸门为C20预应力钢筋混凝土装配式平面闸门。

上下游翼墙采用装配式挡土墙,其中翼墙的底板用C10混凝土现浇,并加块石,墙身部分用C15混凝土预制箱格砌筑。

闸室上游段设10 m长钢筋混凝土闸前铺盖,10 m长浆砌石护底,10 m长干砌石护底,闸前铺盖底高程为38.3 m。

闸室下游以1:3.33斜坡段接15 m长钢筋混凝土消力池,池深1.2 m,消力池后接6 m长钢筋混凝土护底,5 m长浆砌石海漫,10 m长干砌石海漫,海漫末端设宽5 m、深1 m的抛石防冲槽。

上下游两岸护坡均采用C10六角形混凝土预制构件护坡,上游网格护坡长50 m,下游网格护坡长40 m。

借马庄泄洪闸运行40余年,已明显老化,损坏严重,存在严重安全隐患。借马庄闸的启闭设备、电气设备均超出使用年限,老化严重;机架桥、交通桥出现多处裂缝;闸前铺盖、消力池均有两条较大通缝;闸室出现不均匀沉降,中墩多处钢筋、石子外露,混凝土碳化严重;闸上、下游岸坡浆砌石勾缝脱落,抗冲能力差,上、下游翼墙均有不同程度的不均匀沉降,由于两侧渗透破坏,整个水闸结构两侧都呈现极其明显的沉降。根据2008年借马庄泄洪闸的安全鉴定结论,该闸抗渗稳定、闸室稳定、消能防冲等运用指标无法达到设计标准,工程存在严重的安全问题,鉴定为四类闸。

受邯郸市漳滏河管理处委托,设计院技术人员同管理处有关人员到现场勘查后,鉴于永年县借马庄泄洪闸所处的重要位置和重要作用,确定将借马庄闸拆除重建。

# 第二节　气象水文

## 一、气象

本流域地处半湿润半干旱地区,属暖温带大陆性季风型气候,气候四季分明。春季受蒙古大陆变性气团影响,气温回升快,风沙多,蒸发量大,往往形成干旱天气;夏季受东南风影响,多由暖湿气团控制,气温高,降水量多,但因历年夏季太平洋副热带高压进退时间、强度、影响范围等很不一致,降水量的变差很大,受台风影响,是造成夏季雨洪的一个重要原因;秋季降水量较少,一般年份秋高气爽;冬季受西伯利亚大陆性干冷气团控制,寒冷少雪。

流域多年平均蒸发量为 1 876.6 mm(20 cm 蒸发皿),年日照时数 2 500 ~ 2 600 h,年平均气温为 13.4 ~ 13.9 ℃,极端最高气温 41.4 ℃,极端最低气温 -21.2 ℃,多年平均无霜期 200 ~ 210 d。初霜期一般在 10 月下旬,终霜期一般在 4 月中旬。封冻期最早在 11 月 23 日,解冻期最晚在 3 月 6 日,最大冻土深度为 36 cm。

降水主要受太平洋东南季风影响,一般降水偏丰,多年平均降水量 585 mm,降水年际变化较大。1963 年降水量达 1 231 mm,而 1986 年降水量仅 194 mm,两者相差 6.4 倍。降水年内分布不均,多集中在 7 月下旬至 8 月上旬。

## 二、水文

永年洼蓄滞洪区内自产径流主要以降水补给为主,与降水特点相对应,年内径流量主要集中在汛期的 6 ~ 9 月,由于集雨面积很小,自产径流量非常有限。永年洼主要是承纳滏阳河上游的牤牛河、沁河洪水及一部分平原的沥水,因此永年洼径流量主要是受这些河道径流量的影响,特别是洪沥水的影响。本次仅考虑东武仕水库以下区间的径流量。

因本流域没有可靠且代表性较好的实测水文资料,所以采用《河北省水资源评价》分析成果进行计算。根据经过审定的 2004 年《河北省水资源评价》分析的本区多年平均年径流深和相应的 $C_v$ 和 $C_s/C_v$ 等水文特征值,直接计算出各种频率下的年径流量。径流成果见表 1-1。

表 1-1　径流成果

| 项目 | 均值 | $C_v$ | $C_s/C_v$ | 不同保证率下设计值 | | | |
| --- | --- | --- | --- | --- | --- | --- | --- |
| | | | | 25% | 50% | 75% | 95% |
| 年径流深/mm | 47.97 | 1.7 | 2 | 57.9 | 14.5 | 1.8 | 0.02 |
| 年径流量/万 m³ | 10 975 | | | 13 257 | 3 314 | 418 | 4.0 |

根据上游莲花口泄洪闸与团结渠穿滏阳河倒虹吸的设计过流能力,经分析计算可以满足上游来水要求。

在 2006 年《子牙河流域防洪规划报告》中,曾对滏阳河中游洼地及蓄滞洪区设计洪水进行过大量的分析研究工作。其主要思路是:将研究区域划分为实测控制站山区、无控制站山区及平原区,通过以山区最大、平原相应及平原最大、山区相应取样对比,以山区实测控制站时段之和最大为控制所统计的时段洪量为全流域最大,然后将系列进行频率分析得到不同保证率的设计洪水成果。

之后的《永年洼蓄滞洪区建设与管理规划报告》中对永年洼设计洪水进行了复核,经分析,仍推荐采用《子牙河流域防洪规划报告》中的设计洪水成果。洪水过程线以1956年东武仕水库入库过程为典型进行缩放。因此,本次直接采用《子牙河流域防洪规划报告》中的成果,永年洼设计洪水成果见表1-2。

表1-2  永年洼5年、10年一遇设计洪水成果

| 重现期 | 洪峰/(m³/s) | 洪量/(万m³) | | |
| --- | --- | --- | --- | --- |
| | | $W_{3d}$ | $W_{6d}$ | $W_{24d}$ |
| 5年 | 387 | 5 358 | 6 790 | 13 660 |
| 10年 | 786 | 9 623 | 14 920 | 26 590 |

根据流域内雨量站施工期内实测3 d暴雨资料进行频率计算,求得施工期5年一遇3 d点雨量41 mm,5年一遇施工期流量为0.1 m³/s。根据实地调查,近年来该流域非汛期产流很小,因此按零处理。据了解下游有灌溉任务,灌溉面积为6.48万亩(1亩=1/15 hm²),灌溉定额取40 m³/亩,灌溉时间为10 d,经计算灌溉流量为3 m³/s。

另根据《邯郸市水利局关于借马庄泄洪闸除险加固期间保证留垒河供水调度的通知》,按照邯郸、邢台两市签订的输供水协议和近年来留垒河输供水情况,在非汛期,留垒河按不小于10 m³/s的标准安排施工导流,以保障下游输供水不受大的影响。加上灌溉流量,故本次施工期流量为13 m³/s。

借马庄闸的控制流域范围内无泥沙实测资料,也无进行观测,因而资料缺乏。

根据2004年编制的《河北省水资源评价》控制流域属Ⅷ区,年输沙模数为50~100 t/km²,取100 t/km²,考虑东武仕水库及黄粱梦蓄滞洪区上游泥沙按15%下泄,得到的悬移质输沙量为18.3万t/年,推移质按悬移质的5%计算,为0.9万t/年,则设计总输沙量为19.2万t/年。

# 第三节  工程地质

工程区地表出露及钻探揭露的地层岩性主要为第四系全新统冲洪积($Q_4^{al+pl}$)黏土、壤土和粉砂;第四系全新统人工堆积($Q_4^s$)的河道堤防及两岸填土。

根据《中国地震动参数区划图》(GB 18306—2001),该工程所在的永年县地震动峰值加速度为0.10 g,地震基本烈度为Ⅶ度。

# 第四节  工程任务与规模

借马庄泄洪闸位于永年洼北岸,借马庄村西留垒河上游,设计泄洪流量125 m³/s,校核流量365 m³/s,永年县借马庄泄洪闸是永年洼滞洪区下部唯一的泄洪出路。根据《水利水

电工程等级划分及洪水标准》(SL 252—2000),永年县借马庄泄洪闸为中型水闸,工程等别为Ⅲ等,主要建筑物为3级,次要建筑物为4级。

# 第五节 工程布置与主要建筑物

重建借马庄闸位于原闸址处,5年一遇设计水位42.68 m,设计最大泄流量125 $m^3/s$,10年一遇校核水位43.47 m,校核最大泄流量365 $m^3/s$。

闸室上游防护段长25 m,底板高程为38.30 m,前5 m长为干砌石结构,干砌石护底宽39.84 m,干砌石边坡1:2,厚0.5 m,下设0.1 m厚碎石垫层;后接10 m长浆砌石结构,浆砌石护底宽39.84 m,浆砌石边坡1:2,厚0.5 m,下设0.1 m厚碎石垫层;再后接10 m长C25钢筋混凝土结构,底板厚度为0.5 m,侧为C30钢筋混凝土悬臂式挡墙,下设0.1 m厚C10混凝土垫层。

闸室为C25钢筋混凝土开敞式结构,进口底高程为38.30 m。闸室顺水流方向长12 m,垂直水流方向长41.44 m,总净宽35 m,单孔净宽7 m,5孔,两边两孔一联,中间单孔一联。边墩从0.8 m渐变成1 m,中墩厚1 m,缝墩厚1.4 m,闸墩顶高程为44.50 m,底板厚1.2 m,下设0.1 m厚C10混凝土垫层。工作闸门为7.0 m×4.5 m平面滚轮钢闸门,共5扇,启闭机选用QP2×160 kN卷扬式双吊点启闭机,共5台,启闭机平台上设171.53 $m^2$启闭机房。

闸室下游消能防冲段长62.6 m,由消力池段、海漫段及防冲槽段等部分组成。消力池段为C25钢筋混凝土结构,长16 m,池深1.4 m,底板厚0.6 m,下设0.1 m厚C10混凝土垫层,两岸采用扶臂式钢筋混凝土挡土墙。消力池下游接海漫段,长30 m,厚0.5 m,下设0.1 m厚碎石垫层,边坡为1:2。海漫末端设2 m深的防冲槽,防冲槽与下游渠道自然顺接。上下游挡墙平面布置均采用圆弧与直线组合式,结构形式主要采用重力式C25混凝土挡墙、扶壁式和悬臂式C30钢筋混凝土挡墙,墙后填土采用壤土回填。

根据现场勘察情况,现状河道存在约1 m深的淤泥质土,本次设计拟将进口段局部进行换填处理。设计采用黏土回填,回填深度0.5 m,长度5 m,宽39.84 m,压实度不小于0.94。由于河道长时间淤积,原闸址底板上有部分淤泥,清淤平均宽度40 m,长度102 m,清淤深度0.3 m。原闸址拆除后,干砌石和浆砌石结构一部分完好的块石可以二次使用,上下游翼墙和闸墩拆除的部分混凝土预制块可用于防冲槽,回用率均采取20%。

# 第六节 电气及金属结构

本工程全厂总用电(高低压设计)计算负荷为85.91 kVA,根据计算负荷容量并考虑到本工程用电负荷性质,拟设一台100 kVA–10/0.4 kV变压器,当一台变压器因故障切除时,0.4 kV侧另设置一台100 kW一体式全自动柴油发电机,能够承担所有用电负荷运行。

闸门选用5扇7 m×4.5 m平面滚轮钢闸门,启闭机选用QP2×160 kN卷扬式双吊点启闭机,共5台。

# 第七节　消防设计

## 一、消防设计原则及主要依据

### （一）设计原则

借马庄泄洪闸工程消防设计应贯彻"预防为主,防消结合"的方针和确保重点、兼顾一般的原则。本工程引起火灾的主要部位是电气设备及电缆等。因此,应以上述设备为消防重点部位。

考虑到火灾多为短时、突发性,消防设计应满足自救为主,外援为辅的要求。

消防设备器材选择经消防检测部门检验合格的产品,且安全可靠,使用方便,技术先进,经济合理。

### （二）主要规程规范

（1）《水利水电工程设计防火规范》（SDJ 278—90）。

（2）《建筑设计防火规范》（GB 50016—2006）。

（3）《建筑灭火器配置设计规范》（GB 50140—2005）。

## 二、消防设施

本工程的消防范围主要包括启闭机室、电缆等。

对于上述消防范围内的建筑按消防设计规范的要求,确定其耐火等级与火灾危险性类别。配备手提式MFZL4型磷酸铵盐干粉灭火器等灭火器材。

电缆全部采用难燃电缆或阻燃电缆,并采取防火涂料、防火堵料等防火措施。

## 三、防火管理

本工程需做消防设计范围主要是启闭机室及电缆等。现阶段各大型建筑物及附属建筑物的消防设备及材料的设计均是按照面积进行配置的。

按照《水利水电工程设计防火规范》（SDJ 278—90）的规定,划分了本工程各类建筑物、构筑物的耐火等级、火灾危险性类别和火灾危险等级,见表1-3。

表1-3　耐火等级、火灾危险性类别和火灾危险等级

| 建筑物名称 | 耐火等级 | 火灾危险性类别 | 火灾危险等级 |
| --- | --- | --- | --- |
| 机电室 | 三 | 戊 | 轻危险级 |

### （一）灭火器配置

本工程的消防范围主要包括各个机电室。

根据《建筑灭火器配置设计规范》（GB 50140—2005）,每间机电室内配置2只手提式MFZL4型磷酸铵盐干粉灭火器。

### （二）电缆消防

因电缆着火延燃造成的火灾事故,遍及整个机电室,往往造成重大经济损失,是消防

设计的重点。

电缆火灾发生的原因主要有三种情况。一是属于电缆本身的情况,如在过负荷及短路电流长时间作用下,电缆绝缘老化着火,电缆接头接触不良局部发热导致着火等;二是属于外部情况,如含油设备的漏油着火殃及电缆,意外失火等;三是属于电缆火灾扩大延燃的情况,如电缆贯穿墙壁、楼板孔洞未做封堵,多根电缆垂直敷设未采取防火措施等,需针对不用情况采取相应措施。

本工程消防措施如下:

1. 采用阻燃电缆

阻燃电缆的主要特点是不易着火或着火后延燃仅局限在一定的范围内。

2. 防火涂料

防火涂料具有防止初起火灾和减缓火灾蔓延扩大的作用。故确定本工程电缆穿越墙壁和楼板的孔洞及进出电气装置的出入口等处,均在一定范围内喷刷防火涂料。本工程选用膨胀型过氯乙烯防火涂料,其特点是:遇火膨胀生成致密的蜂窝状隔热层,有良好的隔热防火效果,并具有耐水、耐油和耐候性,且能调配成多种颜色。该涂料喷刷、均可。

3. 防火堵料

采用防火堵料能有效地阻止电缆火灾沿孔洞向邻室蔓延。因此,在本工程中涉及管口,电缆穿越楼板、墙壁的孔洞和进出配电箱等的孔洞,均采用DFD-Ⅲ防火堵料封堵严密。该堵料使用后不影响电缆载流能力,并具有耐水、耐油、无毒、无气味,施工方便,更换、增减电缆容易,可重复使用的特点。

# 第八节　施工组织设计

## 一、施工条件

### (一)自然条件

本流域地处半湿润半干旱地区,属暖温带大陆性季风型气候,气候四季分明。春季受蒙古大陆变性气团影响,气温回升快、风沙多、蒸发量大,往往形成干旱天气;夏季受东南风影响,多由暖湿气团控制,气温高,降水量多,但历年夏季太平洋副热带高压进退时间、强度、影响范围等很不一致,致使降水量的变差很大,受台风影响,是造成夏季雨洪的一个重要原因;秋季降水量较少,一般年份秋高气爽;冬季受西伯利亚大陆性干冷气团控制,寒冷少雪。

流域多年平均蒸发量1 876.6 mm(20 cm蒸发皿),年日照时数2 500~2 600 h,年平均气温为13.4~13.9℃,极端最高气温41.4℃,极端最低气温-21.2℃,多年平均无霜期200~210 d。初霜期一般在10月下旬,终霜期一般在4月中旬。封冻期最早在11月23日,解冻期最晚在3月6日,最大冻土深度为36 cm。

降水主要受太平洋东南季风影响,一般降水偏丰,多年平均降水量585 mm,降水年际变化较大。1963年降水量达1 231 mm,而1986年降水量仅194 mm,两者相差6.4倍。降水年内分布不均,多集中在7月下旬至8月上旬。

## （二）建筑材料来源

施工所需石料从武安石料场购进，砂子从邢台沙河砂场购进，水泥、钢材、木材、汽油、柴油等均从永年县当地购进。本工程开挖出来的土方基本用于回填，多余的土方用于围堰砌筑。

## （三）施工用电、用水

施工用电考虑与永久供电线路相结合，从永久供电线路上取用，施工用水及生活用水可从附近村庄内取水，在工地设临时储水池。

## （四）施工场地

本工程管理所处地势平坦开阔，原有建筑拆除后可布置砂石料场、混凝土加工厂、钢材加工厂、木材加工厂、机械修配厂、水泥和建材仓库等。

## 二、施工导流

### （一）施工期洪水

永年洼入库洪水主要由支漳河分洪道洪水、滏阳河洪水及生产团结渠洪水组成。支漳河分洪道与滏阳河于莲花口村东交汇后，洪水泄入永年洼唯一入口为莲花口进洪闸；团结渠退水闸（穿滏倒虹吸）主要排泄临漳、成安、肥乡、永年境内沥水，将团结渠沥水经过穿滏倒虹吸进入永年洼蓄滞洪区。

莲花口进洪闸调度运用方案为：莲花口节制闸以上来水超过 35 m³/s 时，启用莲花口进洪闸向永年洼分洪。

团结渠退水闸（穿滏倒虹吸）主要排泄临漳、成安、肥乡、永年境内沥水，为了最大限度利用退水闸上游团结渠的雨洪资料，非汛期闭闸蓄水，相机灌溉渠道两侧农田，增加灌溉效益。

根据施工组织设计，施工期拟安排在9月至次年4月，为非汛期施工，非汛期支漳河分洪道与滏阳河上游（东武仕水库以下区间）来水量小于 35 m³/s，故莲花口进洪闸不启用；团结渠退水闸（穿滏倒虹吸）一般非汛期闭闸蓄水供沿线农田灌溉用水。故本次施工期洪水仅考虑永年洼内面积自产洪涝水。

根据流域内雨量站施工期内实测 3 d 暴雨资料进行频率计算，求得施工期5年一遇3 d 点雨量41 mm，5年一遇施工期流量为 0.1 m³/s。根据实地调查，近年来该流域非汛期产流很小，因此按零处理。据了解下游有灌溉任务，灌溉面积为6.48万亩，灌溉定额取40 m³/亩，灌溉时间为10 d，经计算灌溉流量为 3 m³/s。

另根据《邯郸市水利局关于借马庄泄洪闸除险加固期间应保证留垒河供水调度的通知》，按照邯郸、邢台两市签订的输供水协议和近年来留垒河输供水情况，在非汛期，留垒河应按不小于 10 m³/s 的标准安排施工导流，以保障下游输供水不受大的影响。加上灌溉流量，故本次施工期流量为 13 m³/s。

### （二）导流方案

本工程计划工期控制在8个月。施工安排在非汛期进行，该时段留垒河有供水和灌溉任务，流量为 13 m³/s。初定方案为来水通过西八闸引到幸福渠，然后排入借马庄闸下游留垒河内。审查会后经过现场勘测，西八闸年久失修，实际过流能力仅为 4.3 m³/s，加上幸福渠上游淤积严重,若采用方案将对现有水工建筑物及过流渠道进行大范围整修,可行性较小。结合市规计处及借马庄闸管理单位意见,施工导流拟采取开挖导流明渠进行导流。

借马庄闸左岸是永年县高新工业园区,右岸为民居,经与县水利部门沟通,该处土地征用可行性不大,无法就近导流。导流方案拟在工业园区西侧开挖明渠引水至幸福渠,排入借马庄闸下游留垒河内。

幸福渠下游段底宽 9 m,堤顶高 3.5 m,边坡 1:2,设计流量为 16.5 m³/s,现状渠道淤泥不大,满足过流要求。幸福渠退水闸闸门尺寸 4 m × 4 m(宽 × 高),一孔,设计流量为 20 m³/s,满足导流任务。

借马庄闸上下游各设围堰一道,上游围堰距闸址 130 m,高 4.7 m,顶宽 2 m,边坡 1:2;下游围堰距闸址 8 m,高 2 m,顶宽 2 m,边坡 1:2。在上游围堰前 40 m,引河左岸引水,为满足堤顶的交通要求,做 M10 浆砌石桥涵,经 1.25 km 明渠后排至幸福渠。明渠底宽 2.7 m,高 2.5 m,边坡 1:2,水深 2.2 m,纵坡 $i=0.000\ 5$。明渠穿工业园区进场路处,布设三根并排的 DN1500 混凝土涵管,上铺三七灰土和 C25 混凝土路面,待导流任务结束后,恢复原状路面。在明渠排幸福渠处做 M10 浆砌石衬砌,防止顶冲,在上游做围堰一道,围堰高 4.5 m,顶宽 2 m,边坡 1:2。

**(三)导流渠道计算**

导流渠道计算按明渠均匀流计算,公式为

$$Q=Av \tag{1-1}$$

式中:$Q$ 为来水流量,m³/s;$A$ 为过水面积,m²;$v$ 为流速,m/s。

经计算,明渠底宽 2.7 m,高 2.5 m,边坡 1:2,纵坡 $i=0.000\ 5$,$Q=13$ m³/s 时,水深 2.2 m,流速为 0.834 m/s,满足导流条件。

## 三、施工排水

**(一)工程排水计算**

根据地勘报告描述,拟建场地为平原河流冲洪积地貌,工程区地表出露及钻探揭露的地层岩性主要为第四系全新统冲洪积($Q_4^{al+pl}$)黏土、壤土和粉砂;第四系全新统人工堆积($Q_4^s$)的河道堤防及两岸填土。本次勘察时钻孔内揭露有地下水,地下稳定水位为 38.99~39.20 m,勘察时留垒河内有水,水位高程为 40.24 m,河水补给地下水。

本次初步设计建筑物底板高程位于地下水位以下,为保障工程顺利实施,拟采用轻型井点降水方式进行降水。根据地层情况,第三层土为微透水黏土层,理论计算视其为相对不透水层,故计算方法采用无压完整井公式,相关计算如下:

1.井点管埋置深度的确定

$$H=H_1+h+iL+l \tag{1-2}$$

式中:$H$ 为井点管埋置深度,m;$H_1$ 为井点管埋设面至基坑底面的距离,m;$h$ 为安全距离,m;$i$ 为降水曲线坡度,本工程采用 0.1;$L$ 为井点管中心至基坑中心短边距离,m;$l$ 为滤水管长度,m。

经计算,井管埋置深度 $H=6.9$ m。

2.基坑总涌水量的确定

$$Q=1.366K\frac{(2H-S)S}{\lg R-\lg x_0} \tag{1-3}$$

式中:$Q$ 为群井涌水量,$\text{m}^3/\text{d}$;$K$ 为渗透系数,m/d;$H$ 为含水层厚度,m;$S$ 为水位降落值,m;$R$ 为抽水影响半径,m;$x_0$ 为基坑的假想半径,m。

$$x_0=\sqrt{\frac{F}{\pi}} \tag{1-4}$$

式中:$F$ 为环状井点系统所包围的面积,$\text{m}^2$。

经计算,井涌水量 $Q=73.35\ \text{m}^3/\text{d}$。

3.单井出水量的确定

$$q=65\pi dl^3\sqrt{K} \tag{1-5}$$

式中:$d$ 为井点管直径,m。

经计算,单井出水量 $q=0.398\ \text{m}^3/\text{d}$。

4.井点数量及间距

$$n=1.1\frac{Q}{q},\ D=\frac{L}{n} \tag{1-6}$$

式中:$L$ 为总管长度,m;$n$ 为井点管根数;$D$ 为井点管间距,m;

经计算,井点管根数 $n=202.73$ 根,选井点管根数为203根。井点管间距 $D=1.28\ \text{m}$。

**(二)工程排水设计**

轻型井点降水设备主要部件为硬塑料井点管、塑料连接管、钢制集水总管及滤料。硬塑料管采用直径48 mm塑料管,下端为长1.2 m花管段,反滤料包裹并用8号铁丝缠紧;塑料连接管采用塑料透明胶皮管,管径38~55 mm,顶部装铸铁头;集水总管为直径75~100 mm钢管;滤料粒径采用0.5~3.0 cm级配石子,含泥量不大于1%。

井点管施工顺序为:放线定位—铺设总管—冲孔—安装井点管、填滤料、封孔—连接总管—安装集水箱—水泵抽排—测量井点水位变化。

## 四、工程施工

**(一)施工方案规划**

根据各单项工程的施工难易程度及对工程总工期的影响,工程按照先主体、后附属的方式安排施工。主要工程施工顺序为基坑土方开挖,闸墩、闸底板、机架桥等混凝土工程,上游连接段及下游消能段混凝土及砌石等,可相继安排与主体工程同时施工。

**(二)土方工程**

1.土方开挖

建筑物土方开挖指闸室、挡墙及上下游连接段等工程的土方开挖。

(1)施工单位应根据设计图纸定出建筑物和渠道的轴线,并将开挖前实测地形和放样剖面图报送监理工程师复核,经批准后方可进行开挖。

(2)施工场地地表植被清理,必须延伸至最大开挖线或填筑坡脚线外侧至少1 m。

(3)土方开挖应从上到下分层分段依次进行,边坡坡度应适当留有修坡余量,人工修整后,应满足施工要求的坡度和平整度。冬季不允许边坡修整及其护面。

(4)对于不能马上进行建筑物施工的建基面,要预留不小于50 cm的保护层,以免扰动原状土,建筑物施工前,再进行保护土层的开挖。

(5)在场地开挖和施工过程中,应做好临时性排水设施。

(6)土方开挖采用1 m³挖掘机开挖,8 t自卸汽车运输,开挖出的土方部分运至临时堆土场,以备回填用。

2.土方填筑

(1)土方回填前对各种建基面均要经过验收合格后才能填筑;对于混凝土建筑物周围的填土,还要待混凝土的强度达到设计强度的70%且龄期超过7 d后方可填筑。

(2)回填土根据工程区土层开挖料情况确定各建筑物填土材料,要求分层回填碾压夯实。

(3)进出口和闸室段土方回填选择开挖出的土料,用8 t自卸汽车运输,74 kW推土机分层平土,履带拖拉机压实,局部采用蛙式夯。

**(三)土方平衡**

土方平衡设计的目的是尽量利用开挖料,减少总挖填量,按照环保要求,选择堆料、弃料场地,合理调配。本工程开挖出来的土方全部用于回填,多余的土方外弃,见表1-4。

表1-4　土方平衡表

| 土方开挖/m³ | 土方回填/ m³ | 外弃土方/m³ |
|---|---|---|
| 6 908.30 | 4 489.48 | 3 317.57 |

**(四)砌石工程**

1.材料

砌体石料采用块石,要求所选石料必须质地坚硬、新鲜、完整、无缝化、上下两面大致平整,无尖角。块石厚度一般为20～30 cm,宽度、长度分别为厚度的1～1.5倍和1.5～3倍。砂的质量应符合有关规范的规定。砂浆采用的砂料为中粗砂。水泥品种和强度等级应满足要求,到货的水泥应按品种、强度等级、出厂日期分别堆存,受潮湿结块的水泥应禁止使用。

2.砂浆强度等级

浆砌石砌筑砂浆强度等级为M10,1:2水泥砂浆勾缝,砂浆中所用砂宜采用中砂或粗砂。砂浆的配合比应通过试验确定,当变更砂浆中的组成材料时,其配合比应重新试验确定。

3.块石砌筑及勾缝

浆砌石施工采用胶轮车运石,搅拌机拌制砂浆,胶轮车运浆,人工砌筑。砌石为从坡脚开始,按照回填、压实、削坡、砌石的顺序进行,由下而上分层砌筑。砌石应采用铺浆法砌筑,砂浆稠度为30~50 mm,当气温变化时,应适当调整。浆砌石勾缝采用平缝,勾缝嵌入砌缝内2 cm。浆砌石外露面宜在砌筑后12~18 h之内及时养护,经常保持湿润,养护期一般为14 d。

**(五)混凝土工程施工**

混凝土施工分块尺寸与建筑物的结构分块尺寸一致。混凝土浇筑完毕,表面用清洁的草帘覆盖,并洒水养护,在混凝土达设计要求强度后方可拆模。

在混凝土施工中还应注意以下几点:

(1)严格按照设计图纸要求组织施工。

(2)严格按照配合比要求拌制混凝土,以满足设计强度及抗冻、抗渗要求。

(3)当日降水量大于10 mm时,若无防雨措施,应停止施工。

(4)日平均气温低于5 ℃时或日最低气温在零下3℃以下时,应按低温季节施工。

混凝土工程施工时,其建筑材料应符合以下要求:

水泥:水泥品质应符合现行的国家标准及有关部颁标准的规定。本工程混凝土有抗冻要求,根据规范应优先选用硅酸盐水泥。运至工地的水泥,应有制造厂的品质试验报告;试验室必须进行复验,必要时还应进行化学分析。

细骨料:细骨料的细度模数应在2.5~3.5范围内,砂料应质地坚硬、清洁,级配良好。天然砂料粒径分为两级,人工砂可不分级。砂料中有活性骨料时,必须进行专门试验。

粗骨料:粗骨料的最大粒径不应超过钢筋净距的2/3及构件断面最小边长的1/4,素混凝土板厚的1/2。对少筋或无筋结构,应选用较大的粗骨料粒径。施工中应严格控制各级骨料的超、逊径含量,以原孔筛检验,其控制标准:超径<5%,逊径<10%,当以超、逊径筛检验时,其控制标准:超径为零,逊径<2%。施工中粗骨料采用连续级配或间断级配应由试验确定,如采用间断级配,应注意混凝土运输中骨料的分离问题。粗骨料中含有活性骨料、黄锈等必须进行专门试验论证。

**(六)机电设备及金属结构安装**

机电设备及金属结构安装与各部位土建工程紧密结合,所有设备安装位置在混凝土施工时应预留孔洞或按设计要求安装埋件,待混凝土达到设计强度后开始安装,机电设备全部安装完成后应进行设备调试。大型闸门由加工厂分块运至安装现场,在门槽部位搭设拼装平台,进行组装,然后用汽车起重吊装,闸门吊入门槽后,应将门槽加盖封闭,防止杂物掉入,影响调试和运行。闸门底槛、主轨、反轨及侧轨的安装均通过二期混凝土埋设。安装前将门槽一期混凝土凿毛,将预埋插筋通过焊接等方法固定,最后浇筑门槽二期混凝土。

**(七)施工技术供应**

本次施工采用的施工机械主要为1 m³单斗挖掘机、轮胎式装载机、74 kW推土机、履带式拖拉机、2.8 kW蛙式夯实机、1 m³混凝土搅拌机、振捣器、TX150摊铺机、风水枪、5 t载重汽车、8 t自卸汽车、胶轮车、机动翻斗车、汽车起重机、灰浆搅拌机、水泵、钢筋弯曲机、20 kW钢筋切断机、钢筋调直机等机械。

### 五、施工交通及施工总布置

**(一)施工交通**

1.对外交通

借马庄闸位于留垒河上游,紧邻洺李公路,交通便利,施工材料及机械可以通过洺李公路运至施工现场。

2.场内交通

场内主要施工道路沿河道右岸及闸室上下游布置,将生活区、施工工厂等连接起来。施工临时道路总长约0.2 km、宽5 m。

**(二)施工总布置**

施工工厂及生活设施等场地的布设,考虑到建筑材料的进场条件及管理等因素,水泥仓库、砂石料场及钢筋加工厂、木材加工厂以及办公室生活及福利设施等均布置在新建管理所院内。

**(三)临时占地与树木赔偿**

本次工程临时占地为20亩,赔偿树木50棵。

## 六、施工总进度

该工程施工总工期为8个月,汛后进行,安排在9月至次年4月,分为工程准备期、主体工程施工期和工程完建期三个阶段。

# 第九节　环境保护设计

## 一、设计原则与依据

借马庄泄洪闸重建工程环境保护设计主要是针对工程建设对其周边环境的不利影响进行,工程建设作为一个生态系统,应将工程建设和环境保护相结合,力求达到工程建设与周边社会经济、环境保护协调发展。

本工程环境保护设计遵循如下原则:严格遵循国家有关环境保护法规,坚持集中处理与分散治理相结合的原则;突出重点、实用合理、可操作性强的原则;环境效益、社会效益相互协调的原则。

环境保护设计依据:《中华人民共和国环境保护法》《建设项目环境保护设计规定》、相关专业规程、规范及标准。

## 二、工程实施对环境的影响

**(一)施工期对环境的主要影响**

工程建设主要环境影响包括:工程基建期的施工及其弃渣转运过程中的风力扬尘;土方和混凝土搅拌施工过程中环境空气的影响;施工过程中交通运输噪声以及建筑施工机械噪声。

**(二)环境影响综合评价与结论**

由于该工程规模不大,只是利用闸门的挡水作用,抬高了水位,不会对水的物理、化学性质造成影响,而在工程建设中,产生的少量污染物都可采取相应的治理和防治措施,不会对水质造成影响。工程开挖的剩余混凝土弃渣,在开挖、转运的过程中均采用湿式作业、喷雾洒水等措施抑制扬尘。此外,对于噪声源也采取了相应的措施,以降低对周围环境及操作人员的影响。本项目有利影响占主导地位,因此本工程建设符合环境保护要求。

### 三、环境保护措施设计

#### (一)废气、粉尘影响的保护设计

工程施工期对参加施工的人员应采取相应的有效的劳动保护措施,提高保护能力,对从事受粉尘影响的工作人员,要配备劳动保护用品,减少粉尘影响,对可能产生粉尘的砂石料应给予覆盖或洒水。车辆运输的路面应保持清洁,防止扬尘发生,运输弃料时车辆应当用纱网覆盖。

#### (二)噪声影响的保护设计

对噪声源进行治理,采用先进的施工技术,控制噪声传播,车辆通过居民点时要减速行使,禁止鸣笛。在噪声污染严重地区进行监测,为施工人员配备劳动保护用具。

#### (三)工程占地对农业生产影响的保护设计

施工后将临时占用的土地进行平整,恢复原地貌,对破坏的地貌和植被要采取临时水土保持措施,防止造成新的水土流失。

#### (四)人群健康的影响保护设计

在施工集中区,要加强卫生检疫工作,对介水传染病、虫媒传染病加强监测和上报工作,预防为主,防止传染病的流行,切实做到早预防、早发现、早隔离治疗。为了确保施工人员健康,要宣传卫生知识,提高自我保护能力,开展灭鼠、灭蚊、灭蝇工作,消灭虫媒的孳生场所,搞好计划免疫,减少和控制痢疾、肝炎的发生与流行。

### 四、环境管理和环境监测计划

#### (一)环境管理

建设单位、施工单位应共同承担施工期和运行期环境保护的职责和义务。

建设单位要设专人,具体负责和落实从工程施工开始至项目投入运行的一系列环境管理工作,对施工期的环境保护工作进行监督和管理,负责到工程竣工并验收合格。

工程监理单位应有专人对环保设施的建设进行监理。

#### (二)环境监测

从环境影响评价结果看,工程施工对环境不利影响经采取措施后,可以相应减免,但是为了随时掌握施工期间环境质量状况,避免突发环境事故,并能在发现问题时,随时解决,要采取必要的监测措施。

1.监测管理

该工程监测时段不长,不设立专门的监测机构。建议建设单位委托有资质的专业部门按照国家环保总局《环境监测技术规范》实施监测。建设单位负责监测数据的整理、归档和情况报告。监测项目主要有噪声监测、大气监测及人群健康监测。

2.环境监测

1)噪声监测

监测目的:掌握施工期各种施工机械、设备、运输车辆等固定或流动声源的噪声对外界环境的影响。对超标的噪声源采取必要的减震、隔声、消声等防治措施。

监测项目:LAvq。

监测位置:噪声监测位置根据施工场地的布置情况,在施工场地靠近居民区的位置确定2个点。

监测频次:分两个时段监测,即7:00~20:00、21:00至翌日6:00各监测一次,分施工高峰期与非高峰期两个阶段进行监测。

2)大气监测

监测目的:掌握施工时基础开挖、场地清理产生的粉尘,水泥装卸、混凝土拌和时产生的固体颗粒物等废气对项目区大气环境的影响程度,以监控施工区大气环境质量,提出合理的施工作用方式。

监测项目:TSP、CO、$NO_2$。

监测位置:大气监测位置根据施工场地的布置情况,施工场地周边拟确定2点。

监测频次:施工高峰期进行1次监测。

3)人群健康监测

监测目的:掌握施工人员的病情和疫情,建立疫情报告制度,发现传染病时,除及时上报外,应立即采取相应措施,控制传染病在施工工区的发病率,对检疫结果可疑的高危人群,针对不同情况进行健康监测,保障施工人员的健康。

监测项目:选择易造成流行的介水传染病为重点控制内容。主要是痢疾、甲型肝炎两项以及工区的环境卫生管理。

监测要求:在施工人员进入工区前进行体检,发现有传染病的人员必须治愈后才能入工区施工,并对施工人员每月进行体检,发放预防药品。

# 第十节　水土保持设计

工程所在区域属平原区,在施工过程中会扰动地表、损坏植被,如不及时进行有效的防护治理,会给当地的水土资源及生态环境带来不利影响,因此根据《中华人民共和国水土保持法》及有关法律法规规定,做好工程的水土保持工作,并按照"三同时"制度认真实施各项措施,对保证节制闸安全运行,有效防治水土流失,具有十分重要的意义。

## 一、水土流失责任范围

按照工程对周边水土保持生态环境影响特点,确定本项目水土保持方案的防治责任范围为项目建设区和直接影响区。

### (一)项目建设区

项目建设区包括建筑物施工区、施工生产生活区及弃渣场等占地。根据泄洪闸重建工程的措施布设,项目建设区占地总面积为1.41 hm²。其中,建筑物施工区占地0.95 hm²,施工生产生活区占地0.06 hm²,弃渣场占地0.4 hm²。

### (二)直接影响区

直接影响区指项目建设占地范围以外,由于主体建设造成的水土流失对周边生态环境、地表植被等直接产生危害的区域。针对本次工程建设项目的特点,将下列范围确定为直接影响区。

建筑物施工区对周边的影响区域,按外侧2 m计;施工生产生活区按周边2 m计,弃渣场对周边影响的区域,按弃渣场外侧2 m计,该项目建设直接影响区总面积0.12 hm²。

综上所述,项目防治责任范围总面积为1.53 hm²,以此作为水土流失的防治责任范围,布设水土保持措施,见表1-5。

表1-5　工程防治责任范围

单位:hm²

| 项　目 | 建设区面积 | 影响范围 | 直接影响区面积 | 土地利用类型 | 防治责任范围 |
|---|---|---|---|---|---|
| 建筑物施工区 | 0.95 | 施工区外侧2 m | 0.08 | | 1.03 |
| 施工生产生活区 | 0.06 | 周边按2 m | 0.01 | 荒地 | 0.07 |
| 弃渣场 | 0.4 | 弃渣场外侧2 m | 0.03 | 荒地 | 0.43 |
| 合　计 | 1.41 | | 0.12 | | 1.53 |

## 二、水土流失及其危害

### (一)生产建设中可能造成的水土流失及其危害

#### 1.对土地生产力的影响

项目建设施工期中造成地表植被的破坏,若不及时恢复与治理,在水力、风力等外因力的作用下,加剧区域土壤侵蚀,水土流失将使较肥沃的地表土资源被冲走,区域土壤倾向贫瘠化、荒漠化,土地生产力降低。

#### 2.对工程本身的影响

水土流失将影响本工程的施工建设和运行,工程施工区产生的土方如不能及时有效地处理,流失的水土将进入施工现场,影响施工进度和生产期的安全运行,也对人员的人身安全构成威胁。

#### 3.对生态环境的影响

项目在建设和生产期间都对项目区生态环境产生持续负面影响,工程建设破坏了原有地表植被,造成表土结构的扰动,导致土体抗蚀能力降低,土壤侵蚀量增加,加剧项目区水土流失。

### (二)工程弃土(渣)情况

工程产生弃渣主要为砌石拆除、混凝土拆除,拆除量为5 780.15 m³,弃土量为3 317.57 m³,工程总弃方为9 097.72 m³。土石方平衡见表1-6。

表1-6　土石方平衡

单位:m³(自然方)

| 项　目 | 土方开挖 | 清淤 | 土方回填 | 弃土 | 弃渣 |
|---|---|---|---|---|---|
| 进口段 | 1 699.05 | 637.55 | 811.65 | 1 524.95 | 1 496.93 |
| 闸室 | 1 316.30 | 169.65 | 880.09 | 605.86 | 1 500.02 |
| 消力池段 | 1 283.17 | 165.52 | 1 221.31 | 227.38 | 1 293.20 |
| 海漫段 | 1 368.29 | 263.54 | 1 471.78 | 160.05 | 1 197.50 |
| 防冲段 | 1 241.49 | | 104.65 | 799.33 | |
| 临时工程 | | | | | 292.50 |
| 合　计 | 6 908.30 | 1 236.26 | 4 489.48 | 3 317.57 | 5 780.15 |

### 三、水土保持措施设计

#### (一)建筑物施工区

该防治区中主体工程主要为借马庄泄洪闸施工区部分,通过对主体工程设计中具有水土保持功能工程的分析与评价可知,该防治区中边坡的防护设计中均已考虑,本次主要设计,预防保护措施。

施工过程中尽量缩短施工周期,减少疏松地面的裸露时间,工程选择枯水期施工,施工完成后及时清整施工现场,弃土、渣及时运至弃渣场。

#### (二)施工生产生活区

该防治区根据主体设计安排,主要用于施工机械、仓库和施工人员生活等。本工程施工生产生活区占地面积为 0.06 hm²,场地周边做好施工排水,周边开挖临时排水沟 50 m,设计断面梯形,底宽 0.3 m,边坡 1∶1,沟外侧设挡土埂,挡土埂长度为 50 m,挡土埂顶宽 0.3 m,高 0.3 m,边坡 1∶1;施工结束后将该区域进行平整,场地平整后,撒播草籽以恢复植被,避免土壤裸露,草种选择野牛草等,撒播草籽面积 0.06 hm²。

#### (三)弃渣场

工程产生混凝土弃渣,弃方为 9 097.72 m³,本次弃渣场一处,设在右岸 2 km 外,占地面积 0.4 hm²,设计弃土高度 2.3 m 左右,满足弃土要求。弃渣场停止使用后,平整场地地面,整治面积 0.4 hm²。对弃土场平整后,撒播草籽以恢复植被,避免地面土壤裸露,草种选择野牛草等,撒播草籽面积 0.4 hm²。

### 四、水土保持监测

建设项目的水土保持监测是从保护水土资源和维护良好的生态环境出发,运用多种手段和方法,对新增水土流失的成因、数量、强度、影响范围和后果进行监测,是防治水土流失的一项基础性工作,是水土保持设计的重要组成部分。

水土保持监测的目的在于及时掌握工程施工和运行期间各区域水土流失情况、水土保持措施落实情况及各项水土保持措施的效果,以便能及时发现问题,采取行之有效的措施,达到全面防治新增水土流失和改善生态环境的目的。

### 五、水土保持工程监理、管理

#### (一)水土保持工程监理

为执行水土保持工程与主体工程同时设计、同时施工、同时投产使用的"三同时"制度,水土保持监理与主体工程监理一并进行,以便对项目施工的全过程进行全方位的监督,使工程始终处于严格的质量保证体系的控制下,直至项目完全通过国家及地方有关质量标准组织进行的竣工验收。

监理人员在施工阶段主要的工作内容为:

(1)施工进度控制。监理人员应严格按照水土保持工程施工进度进行控制,对工程施工有一个完善的进度计划,以保证水土保持工程在预定的工期内竣工,保证工程的投资效益。

（2）施工质量控制。监理人员按水土保持工程设计内容进行施工质量监督,并定期对其进行验收检查,以保证水土保持工程的施工质量和正常运行。

（3）施工投资控制。监理人员应根据水土保持工程设计中的投资,对水土保持工程在施工过程中的资金使用情况进行全方位的控制,以保证水土保持工程资金的充分利用。

**（二）水土保持工程管理**

根据《中华人民共和国水土保持法》,本工程水土保持由主体建设单位负责组织实施,保证各项水土保持设施与主体工程同步进行,同期完成(部分植物措施可适当延后),同时验收。在实施过程中由建设单位负责有序安排各项水土保持工作。同时在水土保持工程实施过程中一定要有地方水土保持部门的密切配合。县水土保持部门负责监督该工程水土保持措施的施工质量,参与和指导水土保持措施的实施和验收。

# 第十一节 工程管理设计

## 一、管理机构

永年县借马庄泄洪闸1967年建成后,由永年管理所管理,现有管理人员9人,受邯郸市漳滏河灌溉供水管理处直接领导,管理所设所长1人、副所长2人,负责日常运行管理工作。汛期防洪由邯郸市防汛办公室直接领导调度。当向留垒河泄洪时,由市防汛指挥部向漳滏河管理处下达指令,漳滏河灌溉供水管理处通知永年管理所指派专人负责进行提闸分洪。

该闸重建完成后仍由邯郸市漳滏河灌溉供水管理处永年管理所管理,并负责运用和维修。管理过程中应经常观察检查,如发现有异常现象,及时采取措施,以保证借马庄泄洪闸能更好地为当地群众服务。

由于借马庄闸位于留垒河上游和永年洼下泄出口,无论从地理位置,还是工程运营方面,借马庄闸都肩负着极为重要的使命,故在借马庄闸南设立借马庄闸管理所,管理所占地1 395 m²,所内成员分为负责借马庄闸运用、维修和机动抢险成员,为汛期抢险的重要参与人员。在借马庄闸管理所内设监控室、值班室、仓库及各种机电工作用房。

借马庄闸的管理范围为建筑物边缘以外30 m,安全保护范围为管理范围以外100 m。

## 二、管理经费

本工程实施后效益为防洪排沥标准提高带来的效益,属公益性质,根据邯郸市人民政府〔2005〕66号《邯郸市水利工程管理体制改革实施意见》,管理费用应由受益市县区财政负责。

"两费"支出由管理单位邯郸市漳滏河灌溉供水管理处负责。

## 三、工程管理和运用

根据《子牙河流域防洪规划报告》中的调度运用原则的方式,为使滞洪区充分发挥调蓄作用,在进洪闸进洪后,应尽快开启永年县借马庄泄洪闸通过留垒河排走,迎接下次洪峰,取得调度洪水的主动权。

闸门运用方式采取如下原则:

(1)防御设防标准内的洪水:根据滏阳河洪水调度方案,莲花口节制闸以下达到35 m³/s时,即开启莲花口进洪闸向永年洼分洪,同时打开永年县借马庄泄洪闸。

①当泄洪流量在125 m³/s以内时,洪水通过引渠直接排入留垒河下泄,洪水不在永年洼滞留。

②当泄洪流量超过125 m³/s时,洪水则进入滞洪区缓洪。此时借马庄闸对洪水下泄采取控泄方案,闸门运用方式为控制中间两孔闸门开启度为2.2 m,其余三扇关闭,并加强观测,保证借马庄闸下泄流量为125 m³/s,直至滞洪区及闸前水位达到控泄水位42.68 m。

(2)当永年洼滞洪水位超过42.68 m时,开启借马庄闸其余闸门进行泄洪。

(3)超标准洪水调度方案:当发生超标准洪水时,扒开永年洼北围堤(借马庄泄洪闸西约100 m的北围堤双孔涵洞西侧),沿留垒河左堤向北泄洪。

借马庄泄洪闸运用中,需注意以下几方面:

①汛期需要过洪水时,应分先后、按闸门控制开度依次对称开启闸门,控制闸门提升速度。

②对水闸各种观测设备应有专人管理,定期观测,并做好记录,对各部位的沉陷、渗压等观测成果要及时分析。发现异常现象,要及时采取措施进行处理,以确保工程的安全。

③对闸门和电器设备应按规程进行操作,定期进行保养、检修,注意安全生产;对易锈和易损部件,要定期检查、除锈、防蚀,对损坏部件应及时更换。

# 第十二节　安全与节能设计

## 一、节能设计依据

节能设计主要依据的法律、法规及技术标准如下:

(1)《中华人名共和国节约能源法》。

(2)水利部水规计〔2007〕10号文《转发国家发展改革委关于加强固定资产投资项目节能评估和审查工作的通知》。

(3)《中国节能技术政策大纲》。

(4)《水闸设计规范》(SL 265—2001)。

(5)《堤防工程设计规范》(GB 50286—98)。

(6)《民用建筑节能管理规定》(建设部令第143号)。

(7)《公共建筑节能设计标准》(GB 50189—2005)。

(8)《民用建筑热工设计规范》(GB 50176—1993)。

## 二、节能设计原则

节能工作是一项长期的战略任务,也是当前的紧迫任务。根据《中国节能技术政策大纲》,节能设计应遵循"开发与节约并举、节约优先"和"节能与发展相互促进"的方针,优先采用节能型的施工工艺和高性能节能设备,提高能源利用效率和效益,减少对环境的影响。

## 三、节能设计

### (一)节能分析

本工程主要工程项目为土建工程、建筑工程等。节能设计主要考虑:在设计中使用节能材料和设备,合理布局节约投资;在施工中采用合理安排工序,缩短工期和选用节能机械等节能措施。

### (二)节能措施

根据工程特点及当地客观条件,确定节能措施如下。

**1.建筑材料**

工程主要建筑材料为水泥、钢筋、石材等,水泥优先选用大型窑外分解新型干法窑生产工艺生产的产品,并尽量使用高强度等级水泥;钢筋、油料等选用符合国家相关标准的产品。

**2.结构设计优化**

严格执行有关设计规范,进行多方案比较,选取经济合理的结构尺寸,节省投资、降低能源损耗和对环境的影响。

**3.机电设备**

配电柜、节能灯等相应的电气设备,应尽量选取节能、高效的设备,电力传输选用合适的经济截面电缆,减少导线电能损失。

**4.建筑**

1)建筑总体布局

该工程地处我国建筑热工设计气候分区中的寒冷地区,在建筑总平面的布置和设计中,充分利用冬季日照并避开冬季主导风向,利用夏季凉爽时段的自然风,来调节室内物理环境,节约建筑用能。建筑的朝向采用南北向,主要房间避免夏季受东、西日晒。

2)建筑单体

建筑单体的体形设计适应寒冷地区的气候条件,采用紧凑的体形,缩小体形系数,减少热损失。

为了提高门窗的气密性能,在门窗缝隙处采用弹性好、耐久的密封条密封。开启扇采用双道密封,推拉窗四周采用中间带胶片毛条密封条密封。

**5.施工组织**

从施工总部署、施工方案、施工机械设备选型及施工工期方面考虑节能设计。

施工总部署:各种工厂尽量布置在对外公路附近;减少占用农田,布置力求紧凑。

## 四、安全设计

安全设计包括安全防护设计和安全卫生设计。

### (一)安全防护设计

安全管理要建立机构、落实人员、建立制度,并注重工程的度汛安全和工程建设中的安全。

防洪影响工程实施后,对防护边坡较陡的河段汛期过水、蓄水时悬挂警示牌,防止当地居民、游人不慎掉入河中,提醒居民、游人注意安全。

### (二)安全卫生设计

安全卫生设计的主要内容为劳动安全与卫生设计,安全卫生设施必须符合国家规定的标准,安全卫生设施与主体工程同时施工、同时投入生产和使用。

## 第十三节　工程主要工程量及投资

### 一、总投资

本工程总投资为 1 205.92 万元,其中工程部分投资为 1 193.52 万元,水土保持工程投资为 5.85 万元,环境保护工程投资为 6.55 万元。

### 二、主要工程量

本工程主要工程量为:土方开挖 36 868.57 $m^3$,土方回填 38 771.31 $m^3$,干砌石 916.54 $m^3$,浆砌石 1 510.93 $m^3$,混凝土 4 086.56 $m^3$,模板 5 356.69 $m^2$,钢筋制作安装 259.54 t。

### 三、主要材料用量

本工程主要材料用量水泥 240.03 t,钢筋 268.46 t,木材 3.33 $m^3$,柴油 94.74 t,汽油 3.87 t,砂子 173.60 $m^3$,块石 3 839.05 $m^3$,碎石 676.83 $m^3$,商品混疑土 4 454.44 $m^3$。

### 四、总用工

148 796.84 工时。

### 五、工资标准

按六类地区计,工长为 5.4 元/工时,高级工为 5.05 元/工时,中级工为 4.37 元/工时,初级工为 2.32 元/工时。

## 第十四节　经济评价

该工程属于社会公益性质的水利建设项目,该闸经维修加固后,增加灌溉面积,改善生态环境,补充地下水,为农业增产提供了有力保障。它的主要作用是调蓄永年洼内洪水,使洪水及时安全的下泄,并削减洪峰,避免河道洪涝灾害的发生。总之,该闸维修加固,不仅有良好的经济效益和社会效益,还有良好的生态效益,因此本项目经济上是合理的,技术可行。

# 第二章　施工准备阶段的监理工作

## 第一节　工程项目基本概况

### 一、工程项目总目标

#### (一)质量目标

工程施工质量检测按照单位工程、分部工程和单元工程划分,以单元工程为基础进行检测和质量等级评定,工程质量达到施工承包合同条件及相应的施工技术规范要求,符合设计要求;单元工程、分部工程质量达到检验评定标准,合格率100%;单位工程达到合格等级。

#### (二)工期目标

按照初设文件及监理合同,计划工期为2016年11月至2017年6月,240日历天。

#### (三)投资目标

借马庄泄洪闸重建工程监理投资目标为不突破设计概算总投资,按施工合同进行控制。

#### (四)施工安全控制目标

以《中华人民共和国建筑法》《中华人民共和国安全生产法》《建设工程安全生产管理条例》等法律、行政法规为依据,坚持安全第一、预防为主的方针,保障人民群众生命财产安全,防止和杜绝建设工程事故。

### 二、工程项目组织

项目法人:邯郸市借马庄泄洪闸重建工程建设处。
质量监督机构:邯郸市水利工程质量监督站。
设计单位:邯郸市水利水电勘测设计研究院。
施工单位:邯郸市水利工程处。
监理单位:邯郸市亿润工程咨询有限公司。

### 三、监理工作范围和内容

#### (一)监理工作范围

监理范围:永年县借马庄泄洪闸重建工程实施阶段的施工期、保修期监理。

#### (二)监理工作的任务

在委托人授权范围内,以合同为依据,对本工程施工进行全过程、全方位的监督管理,依据国家及委托人有关本工程建设的法令、法规、技术规程规范和标准,通过对工程进度、投资、质量、安全生产、环境保护等的有效控制,对施工合同的管理以及组织协调,使本工程项目的建设按合同目标顺利地进行和实现。

**(三)工作监理内容**

在监理服务范围内,根据项目法人授权,依据国家有关水利工程的法律、法规、技术规程、规范、标准及工程建设文件,对工程建设实施管理以及组织协调工作,进行工程质量控制、进度控制、投资控制、合同管理、信息管理和协调,使工程建设按施工合同目标顺利进行。

(1)编制监理规划、监理实施细则。审查施工单位编写的开工申请报告,审核施工单位的施工组织设计或专项施工方案。

(2)审核施工单位提出的建筑材料的采购清单,检查审核工程使用材料的规格和质量。

(3)组织项目法人、施工单位、设计单位参加施工图的会审,并对本项目施工图提出合理化建议。

(4)根据施工合同中关于工程质量、进度、投资、安全目标的规定,监督施工单位对承包合同的履行情况,检查和督促工程的进度和施工质量,按相关规范要求进行工程检测,检查完成的工程量,验收分项分部工程,签署工程付款凭证,审查工程结(决)算。

(5)各种保证资料的收集、整理、审查,各种材料材质的检验评定;各种设计变更的签证;各种工程质量缺陷处理方案的审查;主持重大工程质量事故的调查处理。

(6)对工程目标适时进行检查并实施动态控制,对施工单位所报工程形象进度及工程完成量进行审核签证,对工程款的拨付提出具体建议报项目法人批准,力争使工程项目的目标得以实现。

(7)检查施工技术措施和施工安全防护设施,主持协商招标单位或设计单位、施工单位或监理单位本身提出的设计变更,协调合同双方的争议,决算审核,协助处理工程索赔。

(8)主持编写《监理工作报告》,并报送项目法人。

(9)分阶段提交的《单位工程质量检验评定资料》进行审核签认,并签署竣工申请。

(10)编写竣工验收申请报告。

(11)向招标单位提交监理档案资料。

(12)在规定的工程质量保修期内,承担本工程保修阶段的监理工作。负责检查工程质量,组织鉴定质量问题责任,督促责任单位保修。

## 四、监理主要依据

(1)监理合同书。

(2)批准的建设文件。

(3)建设工程承包合同。

(4)施工图纸、设计技术资料。

(5)《水利工程建设监理规定》(水利部令第28号)。

(6)《水利工程建设监理人员资格管理办法》(中水协〔2007〕3号)。

(7)《水利工程施工监理规范》(SL 288—2014)。

(8)《水利水电工程施工质量检验与评定规程》(SL 176—2007)。

(9)《水利水电建设工程验收规程》(SL 223—2008)。

(10)《水利水电工程施工测量规范》(SL 52—2015)。

(11)《水利水电工程单元工程施工质量验收评定标准》(SL 631 ~ SL 637—2012)。

(12)《水利水电工程施工组织设计规范》(SL 303—2004)。

(13)《水工混凝土施工规范》(SL 677—2014)。

(14)《水工混凝土钢筋施工规范》(DL/T 5169—2013)。

(15)《砌体结构工程施工质量验收规范》(GB 50203—2011)。

(16)《水闸施工规范》(SL 27—2014)。

(17)《建筑地基基础工程施工质量验收规范》(GB 50202—2002)。

(18)《建筑地基处理技术规范》(JGJ 79—2012)。

(19)《混凝土结构工程施工质量验收规范》(GB 50204—2015)。

(20)《混凝土质量控制标准》(GB 50164—2011)。

(21)《水工混凝土掺用粉煤灰技术规范》(DL/T 5055—2007)。

(22)《混凝土强度检验评定标准》(GB/T 50107—2010)。

(23)《混凝土拌合用水标准》(JGJ 63—2006)。

(24)《水工混凝土外加剂技术规范》(DL/T 5100—2014)。

(25)《水工建筑物止水带技术规范》(DL/T 5215—2005)。

(26)《水工混凝土试验规程》(SL 352—2006)。

(27)《普通混凝土用砂、石质量及检验方法标准》(JGJ 52—2006)。

(28)《普通混凝土用碎石或卵石质量标准及检验方法》(JGJ 53—92)。

(29)《水工建筑物地下开挖工程施工规范》(SL 378—2007)。

(30)《水利水电工程模板施工规范》(DL/T 5110—2013)。

(31)《水利水电工程钢闸门制造安装及验收规范》(DL/T 5018—2004)。

(32)《水利水电工程启闭机制造安装及验收规范》(SL 381—2007)。

(33)《水工金属结构防腐蚀规范》(SL 105—95)。

## 五、监理组织

### (一)监理机构设置

监理服务是一项"高智能"工作,监理人员的素质、监理组织机构的设置、管理制度、监理手段和监理方法等都直接影响着监理的服务质量。因此,设立一个与项目法人提出的建设监理服务要求和施工组织管理相适应的组织机构是非常重要的。

为保证本工程监理标服务的技术水平和质量,根据招标文件确定的工程建设目标、监理工作任务和范围,结合监理公司在水利水电工程建设方面多年积累的监理经验,对本工程的建设监理任务进行了分解、分类和归纳。监理公司系统分析了本工程的施工条件、环境条件、地质条件和可能采用的施工方法等基本资料,初步设置了直线式监理机构。这种组织机构具有权利集中、职责分明、决策迅速的特点,目标控制分工明确,有利于发挥机构的项目管理作用。该机构模式已在多个类似工程中应用,都取得了较好的效果,并积累了丰富的经验。在进行工程建设监理组织机构的设置和监理人员的配置时,对监理组织机构的合理性、部门和人员岗位职责的明确性、人力资源和技术保障措施的可靠性等诸多方面进行了认真研究,制定了针对本工程建设而建立的监理组织机构和人员配置方案,设置了专门的监理组织机构。本工程的机构设置采用总监理工程师负责制下的项目管理机制。为充分发挥监理人员作用,保证指令及反馈信息的快速传递,保证监理工作的时效性及快速反应能力,通过配置足够的有充分监理经验的监理人员,以及辅助系统强大的技术保障,缩短决策时间,尽量减少管理层次。

上述监理机构的设置考虑了本工程项目的特点以及监理公司长期监理工作的经验。在工程实际监理工作中,公司还将根据工程实际情况变化及项目法人的要求,对机构及人员进行合适的调整。

公司总部在人员、设备、技术、资金等方面做项目监理机构的坚强后盾,根据工程需要及时组织各种资源的供应。工程监理机构作为代表,在法人代表授权的范围内,全面履行合同责任,主动履行合同义务。

**(二)监理人员岗位职责**

1.总监理工程师岗位职责

总监理工程师受邯郸市亿润工程咨询有限公司的委派,组建精干高效的现场工程监理机构,实施对工程的施工监理,维护项目法人的合法权益,在合同范围内公正的处理合同争议,维护各方的正当利益。团结各方人员,促进工程建设。其主要职责为:

(1)主持编制监理规划,制定监理机构工作制度,审批监理实施细则。

(2)确定监理机构各部门职责及监理人员职责权限,协调监理机构内部工作;负责监理机构中监理人员的工作考核,调换不称职的监理人员;根据工程建设进展情况,调整监理人员。

(3)签发或授权签发监理机构的文件。

(4)审批施工单位提交的合同工程开工申请、施工组织设计、施工进度计划、资金流计划。

(5)审批施工单位按有关安全规定和合同要求提交的专项施工方案、度汛方案和灾害应急预案。

(6)审核施工单位提交的文明施工组织机构和措施。

(7)主持或授权监理工程师主持设计交底,组织核查并签发施工图纸。

(8)主持第一次监理工地会议,主持或授权监理工程师主持监理例会和监理专题会议。

(9)签发合同工程开工通知,暂停施工指示和复工通知等重要监理文件。

(10)组织审核已完成工程量和付款申请,签发各类付款证书。

(11)主持处理变更、索赔和违约等事宜,签发有关文件。

(12)主持施工合同实施中的协调工作,调节合同争议。

(13)要求施工单位撤换不称职或不宜在本工程工作的现场施工人员或技术、管理人员。

(14)组织审核施工单位提交的质量保证体系文件,安全生产管理机构和安全措施文件并监督其实施,发现安全隐患及时要求施工单位整改或暂停施工。

(15)审批施工单位施工质量缺陷处理措施计划,组织施工质量缺陷处理情况的检查和施工质量缺陷备案表的填写;按相关规定参与工程质量及安全事故的调查和处理。

(16)复核分部工程和单位工程的施工质量等级,代表监理机构评定工程项目施工质量。

(17)参加或受项目法人委托主持分部工程验收,参加单位工程验收、合同工程完工验收、阶段验收和竣工验收。

(18)组织编写并签发监理月报、监理专题报告和监理工作报告,组织整理监理档案资料。

(19)组织审核施工单位提交的工程档案资料,并提交审核专题报告。

2.监理工程师岗位职责

监理工程师由总监理工程师授权,对总监理工程师负责,其主要职责为:

(1)参与编制监理规划,编制监理实施细则。

(2)预审施工单位提交的合同工程开工申请、施工组织设计、施工总进度计划、年施工进度计划、专项施工进度计划、资金流计划。

(3)预审施工单位按有关安全规定和合同要求提交的专项施工方案、度汛方案和灾害应急预案。

(4)根据总监理工程师的安排核查施工图纸。

(5)审批分部工程或分部工程部分工作的开工申请报告、施工措施计划、施工质量缺陷处理措施计划。

(6)审批施工单位编制的施工控制网和原始地形的施测方案;复核施工单位的施工放样成果;审批施工单位提交的施工工艺试验方案、专项检测试验方案,并确认试验成果。

(7)协助总监理工程师协调参建各方之间的工作关系;按照职责权限处理施工现场发生的有关问题,签发一般监理指示和通知。

(8)核查施工单位报检的进场原材料、中间产品的质量证明文件,核验原材料和中间产品的质量,复核工程施工质量,参与或组织工程设备的交货验收。

(9)检查、监督工程现场的施工安全和文明施工措施的落实情况,指示施工单位纠正违规行为;情节严重时,向总监理工程师报告。

(10)复核已完成工程量报表。

(11)核查付款申请报表。

(12)提出变更、索赔及质量和安全事故处理等方面的初步意见。

(13)按照职责权限参与工程的质量评定工作和验收工作。

(14)收集、汇总、整理监理档案资料,参与编写监理月报,核签或填写监理日志。

(15)施工中发生重大问题或遇到紧急情况时,及时向总监理工程师报告、请示。

(16)指导、检查监理员的工作,必要时可向总监理工程师建议调换监理员。

(17)完成总监理工程师授权的其他工作。

3.监理员岗位职责

监理员是监理工程师的助手,其主要职责为:

（1）核实进场原材料和中间产品报验单并进行外观检查,核实施工测量成果报告。

（2）检查施工单位用于工程建设的原材料、中间产品和工程设备等的使用情况,并填写现场记录。

（3）检查、确认施工单位单元工程(工序)施工准备情况。

（4）检查并记录现场施工程序、施工工艺等实施过程情况,发现施工不规范行为和质量隐患,及时指示施工单位改正,并向监理工程师或总监理工程师报告。

（5）对所监理的施工现场进行定期或不定期的巡视检查,依据监理实施细则实施旁站监理和平行检测。

（6）协助监理工程师预审分部工程或分部工程部分工作的开工申请报告、施工措施计划、施工质量缺陷处理措施计划。

（7）核实工程计量结果,检查和统计计日工情况。

（8）检查、监督工程现场的施工安全和文明施工措施的情况,发现异常情况及时指示施工单位纠正违规行为,并向监理工程师或总监理工程师报告。

（9）检查施工单位的施工日志和现场实验室记录。

（10）核实施工单位质量评定的相关原始记录。

（11）填写监理日志,依据总监理工程师或监理工程师授权填写监理日志。

## 六、监理工作基本程序

（1）签订监理合同,明确监理范围、内容和责权。

（2）依据监理合同,组建现场监理机构,选派总监理工程师、监理工程师、监理员和其他工作人员。

（3）熟悉工程建设有关法律、法规、规章及技术标准,熟悉工程设计文件、施工合同文件和监理合同文件。

（4）编制项目监理规划。

（5）进行监理工作交底。

（6）编制各专业、各项目监理实施细则。

（7）实施施工监理工作,监理主要工作流程如图2-1~图2-7所示。

（8）督促施工单位及时整理、归档各类资料。

（9）参加验收工作,签发工程移交证书和工程保修责任终止证书。

（10）向项目法人提交有关档案资料、监理工作总结报告。

（11）向项目法人移交其所提供的文件资料和设施设备。

（12）结清监理费用。

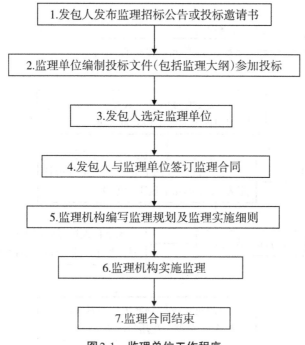

图2-1　监理单位工作程序

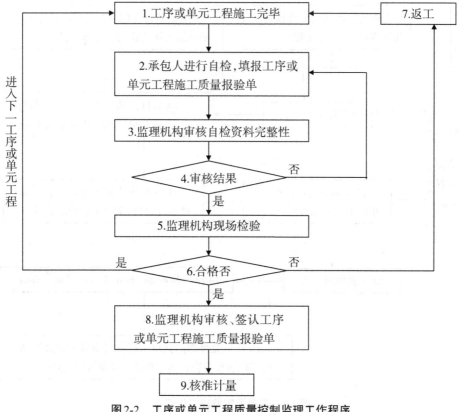

图2-2　工序或单元工程质量控制监理工作程序

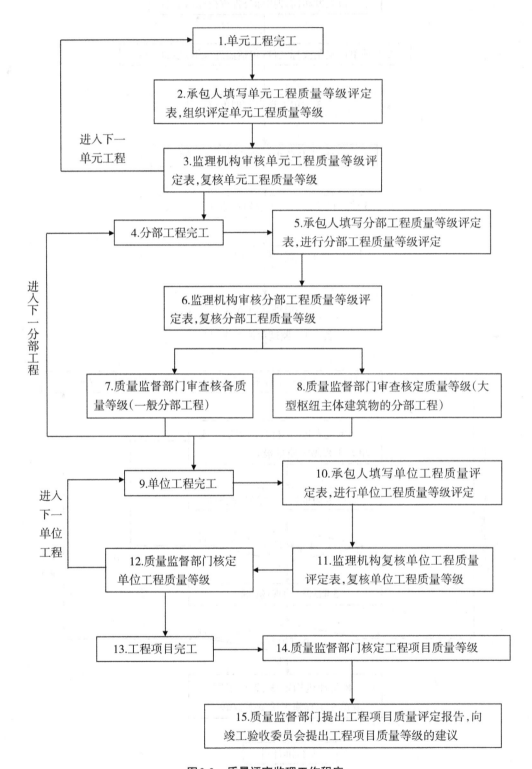

图2-3　质量评定监理工作程序

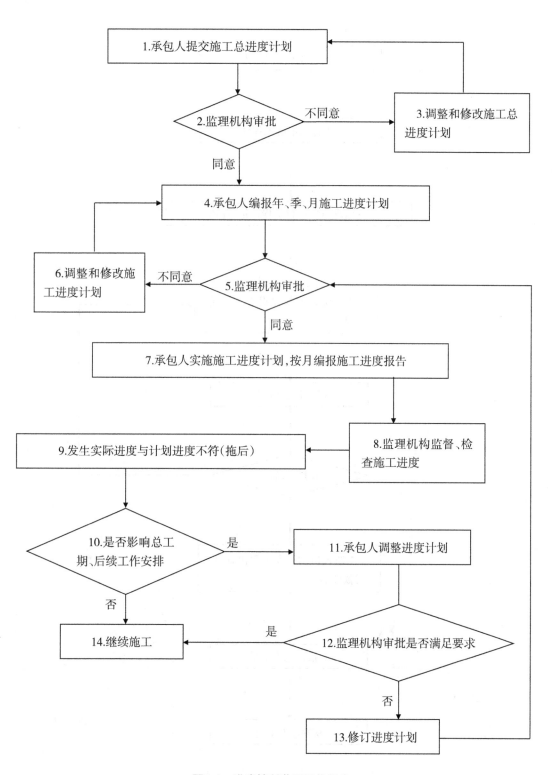

**图2-4　进度控制监理工作程序**

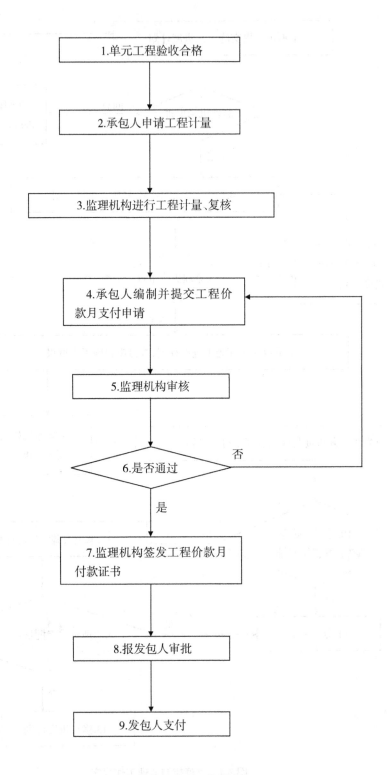

**图2-5　工程款支付监理工作程序**

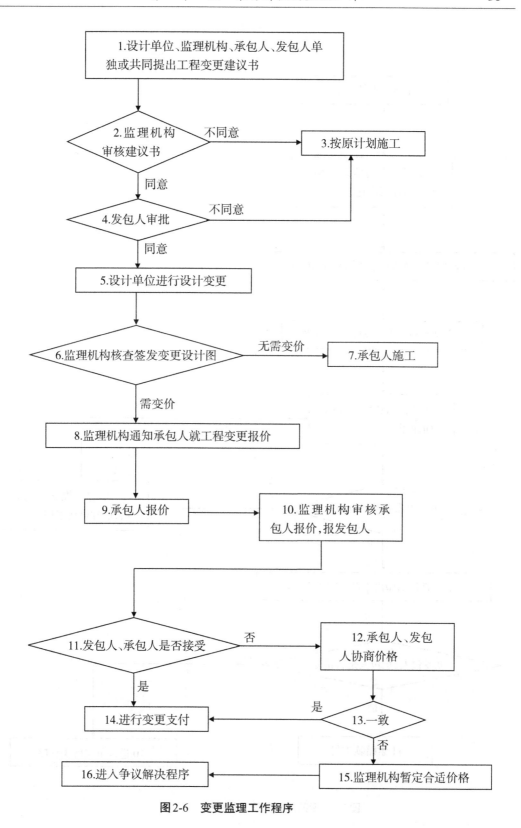

**图2-6 变更监理工作程序**

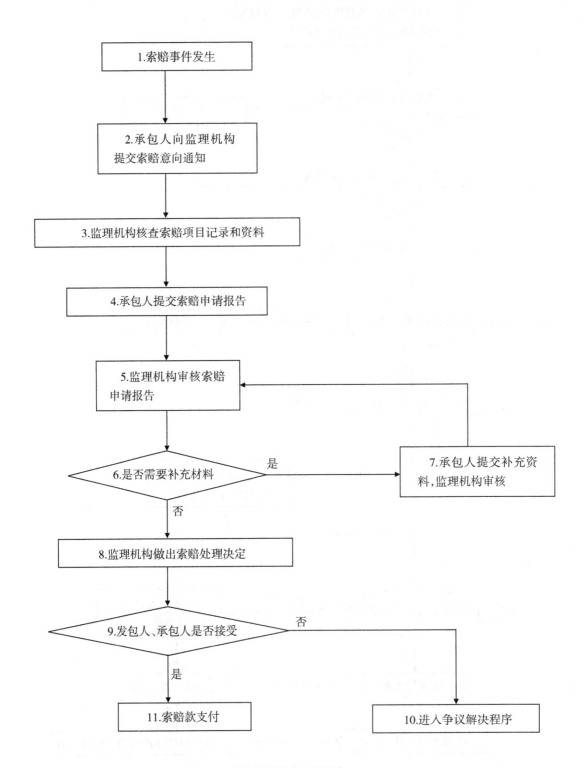

**图2-7　索赔处理监理工作程序**

### 七、监理工作主要制度

#### (一)技术文件审核、审批制度

根据施工合同约定由双方提交的施工图纸,以及由施工单位提交的施工组织设计、施工措施计划、施工进度计划、开工申请等文件均通过监理机构核查、审核或审批,方可实施。

#### (二)原材料、构配件和工程设备检验制度

进场的原材料、构配件和工程设备有出厂合格证明和技术说明书,经施工单位自检合格后,方可报监理机构检验。不合格的材料、构配件和工程设备按监理指示在规定时限内运离工地或进行相应处理。

#### (三)工程质量检验制度

施工单位每完成一道工序或一个单元工程,都须经过自检,合格后方可报项目监理机构进行复核检验。上道工序或上一单元工程未经复核检验或复核检验不合格,不得进行下道工序或下一单元工程施工。

#### (四)工程计量付款签证制度

所有申请付款的工程量均进行计量并经监理机构确认。未经监理机构签证的付款申请,项目法人不应支付。

#### (五)会议制度

建立会议制度,包括第一次工地会议、监理例会和监理专题会议。会议由总监理工程师或由其授权的监理工程师主持,工程建设有关各方派员参加。各次会议符合下列要求:

(1)第一次工地会议。在合同项目开工令下达前举行,会议内容包括工程开工准备检查情况;介绍各方负责人及其授权代理人和授权内容;沟通相关信息;进行监理工作交底。会议的具体内容可由有关各方会前约定。会议可由总监理工程师主持或由总监理工程师与项目法人的负责人联合主持。

(2)监理例会。定期主持召开由参建各方负责人参加的会议,会上通报工程进展情况,检查上次监理例会中有关决定的执行情况,分析当前存在的问题,提出问题的解决方案或建议,明确会后完成的任务。会议形成会议纪要。

(3)监理专题会议。根据需要,主持召开监理专题会议,研究解决施工中出现的涉及施工质量、施工方案、施工进度、工程变更、索赔、争议等方面的专门问题。

(4)总监理工程师组织编写由监理机构主持召开的会议纪要,并分发与会各方。

#### (六)施工现场紧急情况报告制度

针对施工现场可能出现的紧急情况编制处理程序、处理措施等文件。当发生紧急情况时,立即向项目法人报告,并指示施工单位立即采取有效紧急措施进行处理。

#### (七)工作报告制度

及时向项目法人提交监理月报或监理专题报告;在工程验收时,提交监理工作报告;在监理工作结束后,提交监理工作报告。

#### (八)工程验收制度

在施工单位提交验收申请后,对其是否具备验收条件进行审核,并根据有关水利工程

验收规程或合同约定,参与、组织或协助项目法人组织工程验收。

**(九)来文处理及收发文登记制度**

(1)所有来文(监理公司、项目法人、施工单位、材料供应单位、设计单位)都由项目部文档管理人员签收,并按收文本类目进行编号登记。

(2)所有来文均附上"公文处理单(签)",送项目总监理工程师批示处理意见或指定负责处理的人员。

(3)有关人员按总监批示意见及时进行处理,并将处理意见或批复文号记录在"公文处理单(签)"上。

(4)文档管理人员负有督促有关人员及时处理文函及时归档的责任。

**(十)对外行文审批制度**

(1)所有对外正式行文都必须使用监理机构规定的统一文件格式。

(2)对外行文必须严格履行"编写""校核"和"签发"制度,不经总监理工程师签发,不得发文。

(3)行文底稿须用碳黑或蓝黑墨水书写和修改,或直接电脑打印存入电脑。

(4)凡涉及增加工程费用的设计修改或其他需要项目法人同意的项目变更,监理机构批复前须事先征求项目法人意见,征得项目法人同意,并请项目法人在文稿上"会签"栏中签名或签署意见。

(5)发文底稿和打印件同时存档,次序为打印件在前,底稿附后,直接电脑打印者存打印件。

**(十一)工地各类会议纪要签发制度**

(1)工地例会原则上每月4次,会议由总监理工程师主持,项目法人、设计和施工单位代表参加会议(除第一次工地例会)。专题会议在需要时召开,由提议方向总监理工程师提议,监理机构认为有必要时,组织召开专题会议。

(2)会议实行签到制度,会议记录由监理机构担任,会议纪要由监理机构编写。

(3)会议纪要不再会签,如有疑意,在收到会议纪要后2 d内书面向监理机构提出,监理机构与各方协商后定稿,否则视为同意。各单位的会签稿作为正式纪要的附件归档。

**(十二)施工现场紧急情况处理制度**

(1)监理在现场有权制止违规操作和违规指挥的行为,情节严重的,及时报告总监理工程师并通知施工单位负责人。

(2)原则上监理不在现场直接指挥施工人员操作。涉及施工方法和技术措施的表态要慎重,在监理机构共同研究后再向施工单位提出意见。

(3)遇到以下情况之一者,监理可以在现场立即口头做出暂停施工的决定,然后报告总监理工程师,随即补以书面文件予以确定:

①如不及时制止,将会造成人员伤亡时;

②如不及时制止,工程将会遭受重大损失时。

(4)紧急情况的处理,由总监理工程师适时向项目法人汇报征求处理意见。

**(十三)工程量付款审签制度**

(1)每月26日,施工单位按商定表式上报当月完成工程量及付款申请。

（2）监理机构负责合同管理的监理工程师进行初审，剔除不符合合同条款的工程量和尚未提供合格依据的工程量，其余工程量原则上由监理工程师（员）按专业分工复核。

（3）合同管理工程师初审意见、造价工程师汇总后将意见及时向总监理工程师汇报；工程量复核成果须经监理内部校核无误后，才能批转。

（4）工程量、付款签证由造价师、合同工程师负责，各审核工程师签字，总监理工程师签发。月工程量、付款签证单复印留档。

**（十四）监理工作会议制度**

（1）工程正式开始开工，实行监理工作周会制：每周初由总监理工程师组织召开全体监理人员会议，检查总结上周工作，安排部署本周工作，强调本周施工和监理工作重点，必要时，适当调整人员分工。

（2）每月月底工地例会前一天，召开监理工作月会，总结本月监理工作，交流各工作面施工情况及存在问题，安排下月工作，审查施工单位上报的工程量月报、质量月报，为工地例会准备监理意见。

（3）根据工程进展情况及出现的问题，不定期地举行监理与建设各方（或某一方）的现场碰头会、现场质量会或施工进度等专题会议。

（4）每次会议都由文档管理人员做好记录，写出纪要，各方签认后遵照执行。

**（十五）监理日志制度**

（1）监理工程师（除文档人员外）每天都巡视施工现场，每天记录相关专业的监理日志。

（2）监理日志记录内容按公司有关规定记录。

（3）凡遇合同外工程、施工图以外项目，监理日志中详细记录项目内容、依据、部位，投入的劳力、设备、材料等。

（4）监理日志中提出的质量问题、发出的整改通知等最后落实和整改情况在监理日志中如实反映，不可出现只指出问题，没有记录结果的情况。

（5）监理日志不定期经总监理工程师审阅，由总监理工程师签字。

**（十六）监理月报制度**

（1）监理进驻工地后，按月编写工程监理月报。月报内容及格式按《水利工程施工监理规范》（SL 288—2014）及公司质量体系文件作业指导书和项目法人要求编写。

（2）月报在月工程量、付款审签以后定稿，以便在月报中正确反映当月完成的工程量、形象进度及投资完成情况。

（3）月报须经总监理工程师审查签发后复印，每期月报印制3份，其中项目法人1份，监理公司、监理机构存档各1份。

**（十七）文档管理制度**

为了规范监理机构内部所有监理人员对监理文件的使用，便于现场监理文件的管理及今后的归档，特制定此规定，请参照执行。

1.监理对外行文的批准权限及行文要求

1）监理对外行文批准权限

在现场监理过程中涉及工程施工过程中有关问题的行文，由项目总监理工程师批准。

2）监理对外行文要求

（1）凡监理编制发放的与本工程有关的文件都报送给项目法人单位。

（2）监理对外文件发放时盖有相应的公章。

（3）监理文件有统一格式并符合国家有关规定。正式文件由文头、编号、签发者、文眉线、标题、主送单位、正文、发文日期、抄报抄送单位、主题词等要素构成。

（4）编制文件要严格责任制，在每个文件的文稿中有编写、校核、签发人的签名。

2.现场监理文件资料管理

（1）监理机构内部明确文件管理人员，并配置必要的文件保管设施。

（2）文件管理人员负责文件资料的收集、发放、登记、保管和移交归档，监理发文另有磁盘存档一份。

（3）建立收文、发文记录，对每个文件收发及时进行登记并办理签收。

①文件接收。原则上由文件管理人员负责此项工作。当该人员不在办公室时，由其他人员进行接收。接收的时候，接收的人员核对文件的内容和数量，如果文件本身存在问题、即刻被返回的，请在收文登记表上进行登记，在备注上说明返回的原因；如顺利进行了接收，请在收文登记表上进行登记，并将文件放在急需处理的文件夹中，等待有关人员的处理。

②文件发送。原则上由文件管理人员负责此项工作。但当该人员不在办公室或其他人员方便时，由文件管理人员委托该人员代为发送。发送时，要求接收方在发文登记表上签收，发文的原稿由文件管理人员进行分类归档保存。

③文件借阅。原则上，所有的文件在归档后，需要查询或使用文件档案时，均属于借阅。如有关人员需要使用文件资料，请在原文件的位置夹一张醒目的纸张作为标志，并在使用后按照原归档的顺序尽快归还。

（4）文件管理人员收到文件资料并登记后，根据内容传递给有关人员传阅、处理。

（5）日常建立待办文件卷和已办文件卷，根据文件处理与否分别归入。

（6）已办文件当天归档，分类立目、编号。

（7）文件归卷时将原稿附于正本之后，来文附在复文之后。分类归卷重叠时可采用复印件。

3.监理文件的移交及归档

（1）监理文件归档范围按相关规定。

（2）在移交监理文件、资料前，文件管理人员按文件归档要求分类整理，按文件产生年月排列，编写目录。

（3）监理文件资料的归档目录，经项目总监审核后提请监理公司总工程师审定，然后移交公司档案室，办理移交签收。

（4）附件列出的文件。除归档外，其余交监理公司保存。

（5）工程项目竣工后3个月内完成文件资料整理、编目和移交。

**（十八）办公用品、劳保用品领（借）用制度**

（1）办公用品、劳保用品由办公室人员统一向公司借款、采购、保管和发放；保管人员建立监理资产台账。

（2）易耗品根据实际需要领用，耐用品和列入公司资产台账的物品需办理借用手续，工程结束或人员中途调离时必须归还。

（3）监理机构内部聘用人员和本公司职工在领（借）用办公用品和劳保用品方面享有同等权利。

**（十九）请假、休假制度**

（1）本公司职工及本公司职工退休后返聘人员享有国家规定的节、假日休息。

（2）因工程施工需要监理节假日值班的，监理人员服从工作需要，由总监理工程师统一安排。

（3）请病假1天以上的，须有医院或医务室的病假条，否则将作事假处理。

（4）本公司职工请事假的，先用休假条抵充，规定的年休假用完后再请事假。

（5）探亲假须有公司办公室的证明。

（6）外聘职工、事假经总监理工程师批准后原则上可用节假日加班充抵。否则按扣发聘用费（每月26日计）处理。

**（二十）职工培训和上岗制度**

（1）担任监理工作的人员应当具有监理工程师资质或取得监理工程师培训资格证书。

（2）无监理工程师资格证书和培训证书的人员在担任监理工作之前须经过上岗培训，否则不能担任监理工作。

（3）上岗培训由监理公司统一组织和考核。特殊情况下，也可由项目监理机构进行培训，但要做好培训记录。

## 八、监理人员守则和奖罚制度

（1）遵纪守法，坚持求实、严谨、科学的工作作风；全面履行岗位义务，正确运用权限，谨慎、勤奋、高效地开展监理工作。

（2）努力学习，钻研业务，全面收集相关信息，熟悉和掌握建设项目管理和专业施工知识，提高自身素质与管理水平。在工作范围内充分运用专业知识和技能，及时发现问题和解决问题。

（3）提高监理服务意识，增强责任感，加强与工程建设有关各方的协作，积极、主动开展工作，尽职尽责，公正廉洁。

（4）未经许可，不得泄露与本工程有关的技术和商务秘密，并妥善做好项目法人所提供的工程建设文件资料的保存、回收及保密工作。

（5）不得与施工单位和材料、设备供应单位有除工作联系以外的其他业务关系和经济利益关系。

（6）不得出卖、出借、转让、涂改、假造资料证书或岗位证书。

（7）监理人员只能在一个监理单位注册，未经注册单位同意，不得承担其他监理单位的监理业务。

（8）遵守职业道德，维护职业信誉，严禁徇私舞弊。

（9）实行总监理工程师负责，监理工程师对所监理的工程项目达到优良工程的，给予经济奖励。对所监理的工程项目不合格或留下永久缺陷的，给予处罚。

(10)监理工程师进驻工地后,在工作上受到项目法人的好评和施工单位的赞扬,并能提出优化施工方案和合理化建设,节省投资缩短工期的,监理公司视其贡献,给予一定的经济奖励。

(11)总监理工程师与项目法人及时沟通。不能影响监理工作的正常进行;监理工程师离开工地必须经总监理工程师同意,如无故离开工地,监理公司将对其进行处罚。

(12)监理工程师在实施监理过程中,由于渎职、玩忽职守、与施工单位勾结瞒报、虚报、偷工减料,造成严重经济损失和严重后果的,对其进行一定的经济惩罚,处罚金额为500~1 500元。

(13)监理工程师在监理过程中必须公正、公平、公开、科学地开展监理工作,坚决杜绝与施工单位发生任何经济往来。一经发现,立即撤换,并根据情节严重程度给予行政纪律处分。

# 第二节　工程质量控制

监理公司已于2004年获得ISO国际质量认证,本项目推行ISO9001:2000质量保证标准,并建立质量保证体系,应用标准质量管理规范和质量保证行为。质量保证体系由思想保证、组织保证、技术保证、施工保证、制度保证五大部分组成;检验质量保证体系由人员技术素质保证、执行技术标准保证、仪器设备性能保证、检测环境保证、随机抽样样品保证、检测方法保证六大部分组成,具体内容见图2-8。

## 一、质量控制的内容

(1)审查工程开工条件。

(2)建立质量监控体系,协助施工单位建立健全质量保证体系,形成完善的质量管理系统。

(3)审查施工单位提出的施工组织设计、施工技术措施设计。

(4)审查和签发施工图纸。

(5)检查工程施工中所采用的原材料、成品、半成品、构件质量。

(6)检查和验收工程永久性设备。

(7)审查工程中使用的新材料、新结构、新工艺、新技术。

(8)检查和审查施工单位的质量报告。

(9)审定设计变更,报项目法人同意后签发。

(10)审查和处理重大质量问题、技术问题、安全问题。

(11)检查安全防护设施。

(12)对施工现场作业进行监督和检查,严格控制现场的人员、机械、材料、工艺、环境,发现违规行为及时纠正。在本项目的施工过程中,监理机构派出现场监理工程师对现场作业进行巡视和临场监督,对于违反合同规定,对工程质量有影响的活动,例如隐蔽工程完工后未经检查擅自覆盖,上一道工序完工未经检验即进行下一道工序施工,质量事故未经处理即自行继续施工,使用不合格材料施工,擅自更改设计图纸,使用未经审查或审查

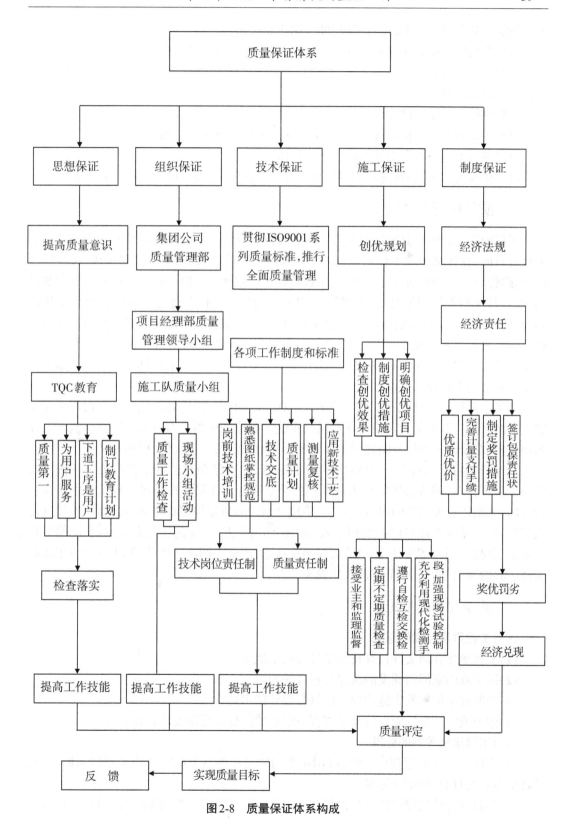

**图2-8　质量保证体系构成**

不合格的人员上岗施工等,及时予以劝阻、制止和纠正。

（13）参与每一道工序单元工程、分部工程和各项隐蔽工程的检查和验收。

（14）参与工程各部位的质量验收和取样;对重要的原材料、半成品等,监理工程师将自行单独组织试验。

（15）组织工程质量信息反馈。

（16）组织和参与工程的竣工验收,审批施工单位提交的竣工图纸。

（17）参与工程设备和系统的试压、试验、试运行。

（18）协助项目法人进行技术资料、图纸等文档管理,整理草拟工程竣工验收报告。

## 二、质量控制的制度

工程的质量是实现其使用价值、达到其设计的生产能力、取得经济效益并实现项目法人投资目的、保证结构和工程安全的最重要保障。因此,工程的质量控制是建设监理"四控制、两管理、一协调"的首要任务,是工程建设目标控制的关键。在本工程的质量控制活动中,监理工程师将按照既定的原则,采取一系列切实可行和行之有效的作业技术和活动,在确定控制对象、明确控制标准、制定控制方法、落实检验手段的前提下对施工过程中所有的各种原材料的质量,以及施工工序、成品质量的检验,对没有达到规定标准的通过找出差异、分析原因、制订对策、实施控制,使工程建设的成品完全达到国家标准和施工合同文件规定的质量要求。

为了全面履行监理合同中确定的全部责任、权利和义务,邯郸亿润监理公司拟组建邯郸市亿润工程咨询有限公司借马庄泄洪闸重建工程监理机构。监理机构实行总监理工程师负责制,总监理工程师全面履行工程监理合同中确定的全部责任、权利和义务。

监理公司将严格按照ISO9000系列质量标准,建立健全总监理工程师为第一责任人的质量保证体系,明确各级监理人员承担的质量终身责任制。在质量管理工作中结合工程实际,编制适合本工程的质量计划,严格按计划中的质量控制要求对项目施工质量进行监督控制,将质量责任层层落实到个人,做到全员、全方位、全过程的有效控制,确保工程质量达到规定要求。将质量隐患消灭在萌芽状态,消灭一切质量事故,坚决杜绝由于质量事故引起的误工、返工、安全等造成的损失。

## 三、质量控制的措施

### (一)工程质量控制的原则

（1）工程承建合同文件及其技术条件与技术规范。

（2）国家或国家部门颁发的法律与行政法规。

（3）经监理单位签发实施的设计图纸与设计技术要求。

（4）国家或国家部门颁发的技术规程、规范、质量检验标准及质量检验办法。

### (二)工程质量控制的标准

（1）合同工程实施过程中,国家或国家部门颁发新的技术标准替代了原技术标准,从新标准生效之日起,依据新标准执行。

（2）当合同文件规定的技术标准低于国家或国家部门颁发的强制性技术标准时,按国家或国家部门颁发的强制性技术标准执行。

（3）国家或国家部门颁发的技术标准（包括推荐标准和强制性标准）低于合同文件规定的技术标准时，按合同技术标准执行。

（4）监理机构可以依照工程承建合同文件规定，在征得项目法人批准后，对工程质量控制所执行的合同技术标准与质量检验方法进行补充、修改与调整。

**（三）工程质量控制的程序**

（1）单元工程或某一工作面开工前，施工单位必须首先提交"三检"自检报告；混凝土配料单、测量检查资料，以及按技术规范报送的其他各种资料等。

（2）收到施工单位报送的各种验收资料后，首先按规范和图纸要求进行核对和审查，然后在规定的时间之内赴现场对工作面分部分项进行复验检查。

（3）对各工程部位检查时，凡与该部位有关的各项目、各专业监理人员必须同时到场，分别负责有关专业的检查工作，也通知施工单位的质检人员到场。检查合格后，各项目、各专业人员分别在规定的表格栏目上签字。

（4）现场检查一般由各项目工程师牵头负责，组织各有关专业人员参加，各专业人员充分表达检查意见后，由项目工程师决定检查合格与否。

（5）项目监理工程师对现浇混凝土、水泥砂浆砌筑及干砌石砌筑施工过程进行全面检查，与规范、图纸不符之处，则提请施工单位进行处理，直到符合要求。

（6）监理工程师对工作面进行了检查并签证同意施工后，施工过程中必须进行监督检查，对一般部位可不定期监督和检查，对特殊部位和关键时段则要求及时跟班检查监督。

工程材料、构配件和设备质量控制程序见图2-9，分部工程签认基本程序见图2-10，单位工程验收基本程序见图2-11。

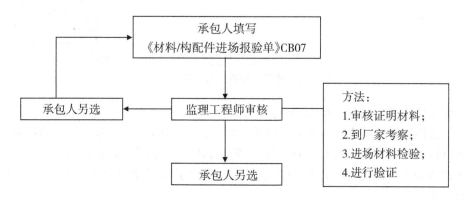

**图2-9　工程材料、构配件和设备质量控制程序**

**（四）工程质量控制方法**

工程质量控制方法为通过建立监理工作制度、审核有关技术文件、报告，现场跟踪检查、下发指令性文件、协调、严把质量验收关等方法实现对质量目标的全过程监控。

（1）建立监理工作制度。

（2）制定质量检验工作程序。

（3）审核有关的技术文件、报告或报表，具体内容包括：

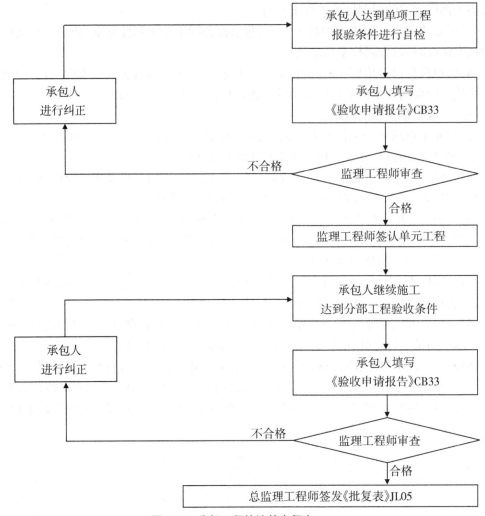

**图2-10　分部工程签认基本程序**

①审核施工单位的开工报告,下达开工令。

②审核施工单位提交的施工方案或施工组织设计,确保工程质量有可靠的技术措施。

③审核施工单位提交的有关原材料、半成品和构配件的质量检验报告。

④审核施工单位提交的有关工序交接检查、分项工程、分部工程和单位工程的质量等级评定资料。

⑤审核有关工程质量缺陷、事故处理报告。

⑥审核施工单位提交的反映工程质量动态的统计资料或管理图表等。

⑦审核有关应用新工艺、新技术、新材料、新结构的技术鉴定文件。

⑧审核并签署有关质量签证、文件等。

在整个施工过程中,监理人员按照监理实施细则的安排,并按照施工顺序和进度计划的要求,对上述文件及时审核和签署。

(4)做好现场跟踪检查。

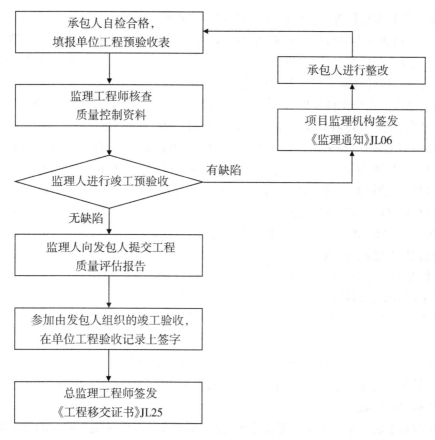

**图2-11 单位工程验收基本程序**

现场跟踪检查内容包括开工前检查、工序操作质量的巡视检查、工序交接检查、巡视检查、隐蔽工程封闭前检查、工程施工预检、成品质量保护检查、停工后的复工检查、分项、单元、分部工程完工后的检查等。

现场跟踪检查的方法主要有：

①旁站与工序巡视检查。对重要工序的施工实行全过程旁站监理，时刻检查，注意质量事故的苗头，避免发生问题。加强施工过程巡视与检查，关键部位、重要工序建立监理值班制度，保证在施工现场不离人，对施工过程旁站监理，督促施工单位发挥自身质保体系的作用并及时解决现场发生的问题，同时做好值班记录。对重要工程部位和关键工序设置的质量控制点，重点控制与检查；质量检查过程中发现存在的问题及时要求施工单位整改，必要时下发有关指令。

坚持工序交接检查、停工后复工前的检查、隐蔽工程检查等质量检查制度。

②测量。测量是监理人员在现场质量控制中，对几何尺寸、轴线、高程等检查的重要手段。开工前，监理人员要对基准高程点的引测和放样等工作进行复测，成果不符合要求不能开工。施工中，要随时进行测量控制和检查。验收时，对验收部位要进行测量，不符合要求的要进行修整。目测检查主要通过观察、目测、手摸等方法进行检查。

③试验与检验。试验是监理工程师确认材料和施工质量的主要依据，包括原材料的

性能、混凝土的技术指标等,都要通过试验获得准确数据。

对工程材料等重点进行质量控制,做好质量复查,按照有关的见证取样和送检制度的要求,做好混凝土与砂浆试块、各种原材料的见证取样送检。要求施工单位建立工地试验室、标准养护室,抽样送检单位具备相应的试验资质。

④指令文件。指令文件是监理工作的另一种方法。在监理过程中,各种报表、数据以及监理所发出的指令,必须形成文件,作为技术资料存档。

(5)按照相关规程、规范组织设计人、施工单位、项目法人、管理单位对分部工程进行检查与初验收,协助项目法人及有关单位进行单位工程验收。监理工程师对施工单位已完单元工程质量进行抽检,抽检量符合相关规范规程规定。

(6)只有合格的工程方可计量支付。

(7)施工单位不称职的技术与管理人员建议予以撤换。

**(五)质量控制的工作流程**

质量控制的工作流程见图2-12。

**(六)工程质量阶段控制**

工程质量控制主要过程分为"预控、程控、终控"三个阶段。

1.“预控”阶段

“预控”阶段是工程质量控制的基础,其主要内容和措施有:

(1)审核和签发施工必须遵循的设计文件及施工图纸,并组织设计交底和澄清对设计文件、图纸提出的问题。

(2)审查批准施工单位提交的施工方案、施工组织设计及保证施工质量的技术措施。

(3)组织施工单位现场移交有关的测量网点;审查施工单位提交的测量实施报告,其内容包括测量人员资质、测量仪器检定证书、施测方案和测点保护等;审查加密测量网点的成果并进行复测。

(4)检查施工单位试验室资格和计量认证文件。未经认证的试验室,不能承担试验任务。

(5)审查批准施工单位提出的材料配比试验、工艺试验、确定各项施工参数的试验及其各项试验的施工质量保证措施。

(6)审查进场材料的质量证明文件及施工单位按规定进行抽检的结果,不符合合同及国家有关规定的材料及其半成品不得使用,且限期清理出场。

(7)监理工程师按规范要求的施工单位检验频率的比例进行材料抽样检测试验和现场质量检验试验。

(8)审查施工单位进场施工机械设备的型号、配套和数量,以及设备完好率,以尽可能避免施工机械设备对工程质量的影响。

(9)检查施工前的其他准备工作是否完备(如水电供应、道路、场地、施工组织,以及其他环境影响因素),尽量避免可能影响施工质量的问题发生。

(10)监理工程师对施工全部内容和工序进行认真地分析,预先确定质量控制点,并拟定相应的质量控制措施。

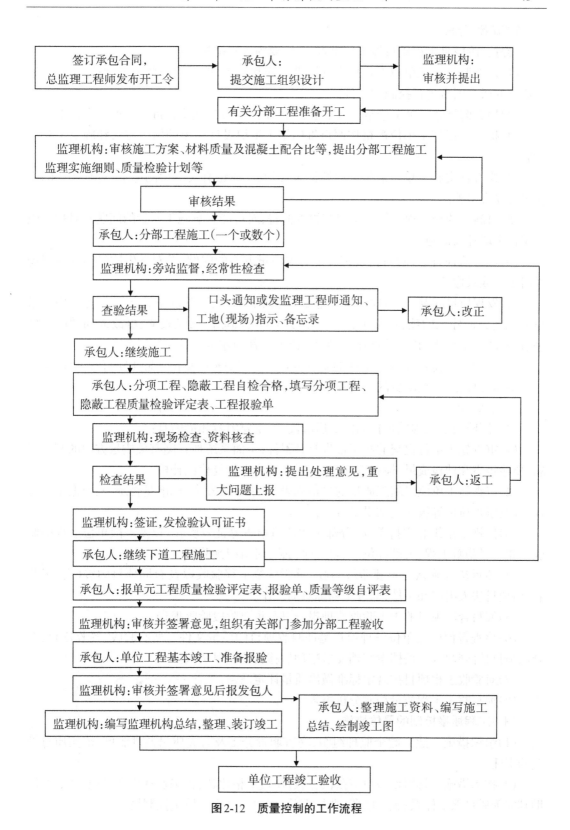

图2-12　质量控制的工作流程

2."程控"阶段

"程控"阶段是工程质量控制的重点,其主要内容和措施有:

(1)检查监督施工单位严格按设计图纸放样和施工,按规程规范施工,对影响工程施工质量的所有因素进行控制和管理。

(2)检查监督施工单位严格执行上道工序,不经检查签证不得进行下道工序施工。

(3)检查督促施工单位严格按照审批的施工组织设计提出的施工方法和施工工艺进行施工。

(4)检查核实施工单位的施工原始记录,以及与质量有关的检测记录,对有怀疑的部位进行复查检验。

(5)对施工的全过程进行质量跟踪检查监督,对可能影响施工质量的问题及时指令施工单位采取补救措施。

(6)做好监理日志、随时记录施工中有关质量方面的问题,并对发生质量问题的现场及时拍照或录像。

(7)发现质量问题,及时发出有关施工的违规通知,直至发布停工令、返工令。因质量事故或问题而停工的项目,必须在产生事故或问题的原因已经查清、事故或问题已经处理、预防产生事故或问题的措施已经落实,监理工程师才可以发布复工令。

(8)组织并主持定期或不定期的质量分析会,通报施工质量情况,协调有关单位间的施工活动,以消除影响质量的各种外部干扰因素。

3."终控"阶段

"终控"阶段是工程质量控制的最后阶段,其主要内容和措施有:

(1)审查施工单位提交的竣工报告及其附件,全面系统地查阅有关质量方面的测量资料、质检报表和抽检成果、检查签证,对有疑点部位进行复检或补检。

(2)审查施工单位对施工质量的自检成果,手续是否齐全,标准是否统一、数据是否有误,以及审查质量等级评定结果是否符合规定。

(3)按规定组织和主持单元、分部工程质量检查签证及验收,以及一般单位工程的验收工作。对隐蔽工程、关键部位、重要工序,必要时组织预验收。

(4)项目法人确认的重要阶段验收、重要单位工程验收以及合同项目的竣(交)工验收,由项目法人组织和主持,监理工程师协助工作。

(5)编写合同项目的竣工验收监理报告以及重要阶段验收报告。

(6)检查督促施工单位整理保存签证验收项目的质量文件。所有验收、签收资料,在合同项目整体验收后,按档案归档要求整理后移交给项目法人。

(7)对验收工程项目按规定标准做出质量评定。

(8)编写竣工工程质量控制分析报告。

**(七)工程质量控制的具体措施**

(1)组织措施。建立健全监理组织,完善职责分工及有关质量监理制度,落实质量控制的责任。

(2)技术措施。材料设备供应阶段,通过质量价格比选,正确选择生产供应厂家,并协助其完善质量保证体系;施工阶段,严格事前、事中和事后的质量控制措施。

(3)经济措施。质量不合格者拒付工程款,质量达到合格者,按合同规定支付。

(4)合同措施。按合同规定的质量要求严格质检和验收。

**(八)质量缺陷处理**

施工过程中质量缺陷发生后,监理工程师将发出书面指令,要求停止有质量问题的部位及其有关联部位的下道工序的施工。施工单位收到指令后,报告质量缺陷的详细情况、严重程度、原因、处理的方案和技术措施。必要时,监理工程师将邀请设计、施工、材料等方面的专家参加论证,或成立专门小组。通过调查研究,确定缺陷的原因、影响范围、性质和对工程的危害或影响的程度等,并整理成书面资料和报告。监理工程师将对质量缺陷处理后的质量进行检查、验收,确保质量隐患已经消除。

**(九)本工程的质量控制关键点**

根据招标文件提出的工程项目基本情况及监理工作范围,结合监理公司以往类似工程的监理实践经验,对本项目具体控制点及控制措施简述如下:

1.施工组织设计审查

施工准备阶段,必须依据设计文件、技术规范,结合本工程项目特性,严格审查施工单位编制的施工组织设计,包括施工方案、控制测量方案、总进度计划、质量保证体系、技术保证体系、劳动力、机械设备、材料配置计划、安全监控体系、环境保护措施等各个方面。调动各专业监理工程师,对施工组织设计的各方面进行针对性审查,做好监理预控工作。

对于合同工程的施工组织设计,监理工程师从下列几个方面进行审查:

(1)编制依据是否与设计文件、工程承包合同及现场的实际条件相一致。

(2)组织机构健全,职能分配是否合理,能否保证生产指令和调度的迅速传递并有效执行。

(3)临时设施的总体布置是否在项目法人给定的范围内,是否会与其他临时或永久建筑物发生干扰。

(4)总体布置和功能分配是否合理,并满足防火、防洪、抗灾、抢险、交通安全和环境保护的要求。

(5)施工废弃物的堆存场地是否在项目法人规定的范围内,容量是否足够,在废弃物来源的分配和运输线路上是否合理。

(6)运输和弃置方式是否满足安全和环境保护的要求,堆存场的保护措施是否安全可靠。

(7)施工技术供应是否可靠,对停止供应将会带来严重后果的动力或物质是否有足够的备用,备用是否有可靠的保障。

(8)场内道路的布置(包括线路走向、坡度、道路的标准)能否满足施工期运输的要求,道路的维护和畅通是否能够得到完全的保证。

(9)施工程序的安排是否合理,是否可能导致严重的施工干扰或不安全因素。

(10)对于每个单元或分部工程所采用的施工设备、施工方法和工艺是否能使工程质量得到完全的控制和保证,并满足技术规范的要求,进度的衔接是否与其他相关的工程相互协调,并满足总体或分期进度的要求。

(11)对特殊不利地质条件的施工是否进行了充足的物质和技术准备,制订的技术方案和准备的物质材料是否能与不利的地质特性相符并满足紧急情况下的需要。

(12)准备投入的资源是否与投标文件的承诺或合同文件的规定有所减少,是否存在质量下降的状况。

(13)所采用的质量保证体系是否满足合同文件规定的要求,所制定的质量保证措施能否保证质量保证体系的有效运行实施,用于质量保证的资源是否能满足施工高峰期的控制要求。

施工组织设计批准后,作为监理工程师进行现场检查和实施控制的依据之一,施工单位对施工组织设计所作的任何调整和修改,都应得到监理工程师的书面批准。

2.施工测量质量控制

1)范围

测量的范围涉及地形的平面/位置和高程放线/样测量,工程的放样和成型复核及计量测量等。

2)一般要求

监理工程师对施工测量的质量控制主要在于对操作人员素质、仪器设备精度、方式方法选用和误差分析处理等方面。要求施工单位配备足够适用的人员设备,采用合理科学施测方法认真精确地进行基准复核和施工放样,对于不合格的人员仪器和成果都应清除。

3)测量基准

(1)在发出开工通知前组织交桩,向施工单位提供测量基准点及其基础资料和数据;交接后合理时间内,组织并参与施工单位对用于施工测量的基准点、线的测量精度、资料和数据的准确性进行校测与复核。

(2)督促施工单位依据测量基准点,按工程施工精度要求,测设用于工程施工的控制网,并报送监理工程师审批。

4)施工单位测量

(1)施工单位负责工程施工所需的全部施工测量放线工作,并对提交监理工程师审查的成果资料承担自己的责任。监理工程师审查其成果资料的有效性和准确性,对于发现的错误,可以要求施工单位澄清或退回限期重报。

(2)督促施工单位按合同条款规定提交测量计量资料(原始地面测量资料、开挖断面测量资料等)报送监理工程师审核,监理工程师可以使用施工单位的施工控制网和仪器自行进行检查放样测量,或要求施工单位在监理工程师直接见证监督之下进行复核对照测量;有条件时,监理工程师可与施工单位进行联合计量测量,经双方核签的测量成果可直接用于计量。

(3)监理工程师提醒督促施工单位保护好测量基准点/线和自行增设的控制网点。缺失和损坏的测量网点要求施工单位限期修复。

3.钢筋混凝土工程质量控制要点

1)钢筋制安

(1)所用钢筋,进场时必须提供合格证、质量检测单,在监理工程师见证下按规定的频率取样。经对原材料复印件合格签证归档后,才能进入加工场地。

(2)结构钢筋绑扎与主筋连接方法均严格按规定进行,严格控制上下层钢筋位置,避免混凝土浇捣过程中作业人员踩踏而使钢筋变形影响工程质量。

(3)任何部位钢筋尺寸不得随意代换,当根据实际情况确需调整时,须征得设计及监理工程师认可后方可实施。

(4)受力钢筋焊接接头、机械连接接头设置在内力较小处,并错开布置,配置在接头长度(35 d)区段内受力钢筋其接头截面面积占总截面面积的百分率在受拉区不应大于50%。

(5)每批每60 t为1检验批,不足60 t时也按1检验批取样。

2)水泥、砂子、水

(1)水泥进场时,有产品合格证及出厂化验单;对水泥的品种、强度等级、包装、数量、出厂日期等进行检查验收。

(2)所有进场的水泥,都经试验确认其符合要求后,方可使用。

(3)不同强度等级、厂牌、品种、出厂日期的水泥分别堆放,严禁混合使用。

(4)出厂日期超过3个月或受潮的水泥,必须经试验确定其符合要求后,方可使用。严禁使用已结块变质的水泥。

(5)选用质地坚硬、颗粒洁净、级配良好的机制河砂;粒形为方圆形,没有活性骨料;含水率小于7%;细度模数宜在2.4～2.8范围内。

(6)砂浆拌和用水必须新鲜、洁净、无污染,宜选用饮用水。

3)混凝土浇筑

(1)凝土浇筑方案,必须经监理工程师批准后,方可实施。

(2)各种原材料(水泥、钢材、粗骨料、细骨料、外加剂、外加料)成品、半成品、构配件等材料必须由经实验室检测合格的原材料供应商供货,材料进场须按规定的取样频率进行复检、鉴定。现场监理采取见证取样,对原材料质量进行控制,对存疑的材料,取样进行平行检验。

(3)浇筑混凝土前,全部模板和钢筋清除干净,不得有滞水、锯末、施工碎屑和其他附着物,并经监理工程师检查批准才能开始浇筑。在浇筑时,混凝土表面做到完备周到,使砂浆紧贴模板,力求混凝土表面光滑、无气泡和蜂窝。

(4)混凝土运输及堆放混凝土的容器不渗漏、不吸水,必须在每天工作后或浇筑中断超过30 min时予以清洗干净。浇筑混凝土的间断时间附合规范要求。

(5)混凝土浇筑后及时振捣,振捣至混凝土停止下沉、不冒气泡、不泛浆、表面平坦。

(6)混凝土施工控制最高浇筑温度,一般不高于20 ℃,根据气温变化和采取有效防止温度裂缝的措施,可适当调至2~4 ℃,但6、7、8三个月不得超过28 ℃。

(7)混凝土浇筑完毕后,为防止混凝土表面干裂,混凝土初凝后尽快予以养护,覆盖薄膜或草袋,以减少混凝土升温阶段内外温差,覆盖时不得损坏混凝土表面。

(8)混凝土浇筑工序必须执行浇筑许可证制度,在隐蔽工程验收合格、钢筋、模板、埋件等各工序检验合格后方可签发浇筑许可证,进行浇筑。现场监理对混凝土浇筑工序采用旁站监理措施。

4.浆砌石砌筑控制要点

(1)砌筑前,在基面上设置纵向和横向砌体坡面线,以保证砌体的厚度和表面平整度符合设计要求。

（2）浆砌块石必须采用铺浆法砌筑。砌筑时先铺浆后砌筑,块石分层卧砌,上、下错缝,内、外搭砌,砌立稳定。相邻工作段的砌筑高差不小于1.2 m,每层大体找平,分段位置尽量设在沉降缝或伸缩缝处。

（3）在铺砂浆之前,石料洒水湿润,使其表面充分吸水,但不得有残存积水。砌石基础的第一层石块将大面向下。砌石的第一层及其转角、交叉与洞穴、孔口等处,均选用较大的平整毛石。

（4）所有的块石均放在新拌的砂浆上,砂浆缝必须饱满、无缝隙,块石之间不得直接紧靠,不得先摆石块后塞砂浆或干填碎石,不允许外面侧立石块、中间填心的方法砌石。灰缝深度一般为20~35 mm,较大的空隙用碎石填塞,但不得在底座上或石块下面用高于砂浆的小石块支垫。

（5）砌缝填灰饱满,勾缝自然,无缝隙、脱皮现象,均匀美观,块石形态不突出,表面平整,砌体外露溅染的砂浆清除干净。

（6）砌体的结构尺寸、位置、外观和表面平整度,必须符合设计规定。

（7）砌体外露面在砌筑后12 h左右,安排专人及时洒水养护,养护时间14 d,并经常保持外露面的湿润。

（8）浆砌石质量检查。在施工过程中,施工单位对各工序质量进行自检,合格后报监理工程师现场检验签证。检验内容包括:砂浆配合比、强度及拌制方法;面石用料、砌筑方法,砂浆饱和度,勾缝质量,养护情况;砌体的结构尺寸;表面平整度等。未经监理工程师签证的浆砌石工程不得进行计量支付。

（9）在砌石过程中,现场监理人员巡回检查,督促施工单位质检负责人、质检员、施工员加强现场质量管理,做好质量检查工作。监理人员对前款检查内容进行抽检,发现问题及时向施工单位指出,并督促其处理。

（10）现场工程师指示返工的部位,都要拆除并重新砌筑。对于返工整改通知下达后,施工单位不认真执行的,监理工程师及时向总监理工程师报告,指示项目法人批准签发停工整改令。

5.土方工程

1）土方开挖

（1）土方开挖和填筑,优化施工方案,正确选定降、排水措施,并进行挖填平衡计算,合理调配。

（2）弃土或取土宜与其他建设相结合,并注意环境保护与恢复。

（3）当地质情况与设计不符时,会同有关单位及时研究处理。

发现文物古迹、化石及测绘、地质、地震、通信等部门设置的地下设施和永久性标志时,均妥善保护,及时报请有关部门处理。

（4）开挖过程中,施工单位经常校核测量开挖平面位置、水平标高、控制桩号、水准点和边坡坡度等是否符合施工图纸的要求。监理人员有权随时抽验施工单位的上述校核测量成果,或与施工单位联合进行核测。

（5）施工单位坚持安全生产、质量第一的方针,健全质量控制体系,加强质量管理。施工过程中,坚持三员(施工员、安全员、质检员)到位和三级自检制度,确保工程质量。

(6)主体工程的临时开挖边坡,按施工图纸所示或监理人员的指示进行开挖。对施工单位自行确定边坡坡度且时间保留较长的临时边坡,经监理人员检查认为存在不安全因素时,施工单位及时进行补充开挖和采取保护措施,但施工单位不得因此要求增加额外费用。

(7)土方明挖从上至下分层分段依次进行,严禁自下而上或采取倒悬的开挖方法,施工中随时做成一定的坡势,以利排水,开挖过程中避免边坡稳定范围形成积水。

(8)基础和岸坡开挖完成后,施工单位及时完成施工区域完工测量,并依照合同文件规定,按监理机构指示,给地质编录、现场测试等工作创造工作环境。

(9)除非另行报经监理机构批准,否则在上一工序完成并报经监理工程师质量检验合格后,方可进行下一工序施工。

2)土方回填

(1)各建基面均要经过验收合格才能进行填筑。土方采用边挖边填施工,对于混凝土建筑物周围的填土待混凝土强度达到设计强度的70%且龄期超过7 d后方可进行填筑。闸室边墩及挡墙结构达到设计强度的100%后再进行填筑。

(2)回填采用水平分层夯实,墙后回填土采用动力打夯机械与人工夯实相结合,填土虚铺厚度200~300 mm,铺土厚度每层100 m²为一个测点。压实质量,黏性土1次/(100~200 m³),砂砾土1次/(200~500 m³),要求每个检测点必须合格。碾压搭接带宽度分段碾压时,相邻两段交接带碾压迹彼此搭接,垂直碾压方向搭接宽度不小于0.3~0.5 m,顺碾压方向搭接宽度不小于1.0~1.5 m,每天搭接带每个单元抽测3处。监理机构对土方试样跟踪检测不少于施工单位检测数量的10%,平行检测不少于施工单位检测数量的5%,重要部位至少取样3组。

(3)与建筑物相接时,在填土前清除建筑物表面浮皮、粉尘及油污,对建筑物外露铁件宜割除,必要时对铁件残余露头采用水泥浆覆盖保护。回填时必须先将建筑物表面湿润,边涂泥浆边铺土边夯实,涂浆高度与填土厚度一致,涂层厚度宜为3~5 mm,并与下部涂层衔接,严禁涂层干后填筑。

(4)回填土质量保证措施。

①填土之前清淤必须彻底,不能有积水。

②本工程填土方的压实度不低于0.92。在填土时,按规范的规定进行每层环刀取样,对不合格的坚决返工重做。

③在填筑过程中,不得有翻浆、松散干土、橡皮土现象,在填土中不得含有淤泥、腐殖土及有机物质等。

6.旧闸拆除监理控制要点

1)机电设备拆除

机电设备拆除前,安排专业电工对机电设备电源接入进行断电。经检查不带电后进行拆除。拆除主要采取人工拆除,辅助简单的机械。

机电设备首先拆除基础连接件,机电设备整体移动后人工移出管理房内,并集中放置。按照项目法人单位的指示,采用运输车运抵指定位置。

2）金属结构设备拆除

金属结构设备拆除主要是启闭机和闸门拆除。首先拆除启闭机。采用气割等方式拆除启闭机基座与预埋件的连接件（螺栓），全部割除后采用汽车吊调离机架桥，并采用运输车运至项目法人指定位置。

启闭机拆除后进行闸门拆除，首先拆除门叶，采用汽车吊吊装，运输车运出。闸门槽在闸墩混凝土拆除时一并拆除。

3）机架桥、排架柱拆除

机架桥及排架柱拆除采用分段拆除，分段位置不宜太长，根据吊车起吊能力进行分段。分段时人工采用风镐进行破除。排架柱拆除首先人工从柱子根部进行凿除，露出柱子钢筋，气割割断钢筋，后继续凿断柱子混凝土。凿断前采用汽车吊吊牢排架柱，每段柱子全部凿断后汽车吊吊装卸地面空场。液压振动锤进行最后破碎。

4）主体混凝土拆除

主体拆除按照先上后下的原则进行拆除。拆除采用液压振动锤进行。部分腋角或振动锤无法施展的地方采用风镐进行人工破除，以便保护好下部原有桩基及钢筋。拆除弃渣废料及时运走。

5）砌石拆除

浆砌石拆除采用液压振动锤振松，挖掘机进行挖装，自卸汽车运出。干砌石直接采用挖掘机进行拆除。可用材料临时堆放在现场布置的堆料场。

7.基坑降水监理控制要点

要求施工单位根据降水设计方案提供的井位图、地下管线分布图及甲方提供的坐标控制点，施放降水井井位。正常情况下井位偏差≤50 mm，若遇特殊情况（比如地下障碍、地面或空中障碍）需调整井位，及时在现场调整。为保证安全，定井位后挖探坑以查明井位处有无地下管线、地下障碍物，挖探坑的平面尺寸和钻孔钢护筒相近（稍大一点），深度必须以挖（或钎探）到地层原状土为准。

埋设护筒：为避免钻进过程中循环水流将孔口回填土冲塌，钻孔前必须埋设钢护筒。护筒外径1.0 m，深度视地层情况而定。在护筒上口设进水口，并用黏土将护筒外侧填实。护筒必须安放平整，护筒中心即为降水井中心点。

钻机就位、调整：钻机就位时需调整钻机的平整度和钻塔的垂直度，对位后用机台木垫实，以保证钻机安放平稳。钻机对位偏差小于20 mm，钻孔垂直度偏差1%。

钻孔：在钻孔过程中，一般情况下不需要调制泥浆，采用清水水压平衡法进行冲击钻进成孔，用抽筒抽取岩芯钻进，施工时保证孔内水面高度与孔口平，防止塌孔事故发生。若钻进过程中通过易塌孔的流砂层或泥浆漏失严重的地层时，可采用少投黏土增大孔内泥浆浓度，防止塌孔。

当遇有隔水黏土层时，为了防止冲击成孔时在孔壁形成泥皮，影响水井出水量，在成孔后要进行二次扩孔，扩孔直径比设计直径大50~100 mm。

换浆：钻孔至设计深度以下0.5 m左右，将钻具提出孔外，然后用清水继续正循环操作替换泥浆，直到泥浆黏度小于20 s为止。泥浆置换时送水管要下入距离孔底0.5 m左右，以保证将浓泥浆返出孔内，确保洗井质量和降水井的出水量。

下管:下管前检查井管是否已按设计要求包缠尼龙纱网;无砂水泥管接口处要用塑料布包严,钢筋滤水管上下段焊接时,钢管或袖头连接处要打坡口,以保证井管的垂直度并焊接严实。

填滤料:填料必须采用动水填砾法从井四周均匀缓慢填入,避免造成孔内架桥现象。洗井后若发现滤料下沉,及时补充滤料,填料高度必须严格按设计要求执行。

洗井:采用压风机洗井,当井内沉没比不够时,注入清水。洗井必须洗到水清砂净为止。

施工排水方式采用集水管分散收集,根据排放线路的排量,以分散排除的方式,做到各点排水畅通,确保土建施工安全。

8.金属结构制造与安装监理控制要点

(1)质量控制点:胎膜检查、拼装、焊接、金属结构制造与安装监理控制要点如图2-13所示。机加工、门体整体组装。

(2)埋件安装前进行放样测量,吊装就位后调校至允许偏差范围内,并用加固钢筋与预埋栓焊牢,以确保在二期混凝土浇筑作业过程中不发生变形和位移。埋件工作面对接接头的错位控制在允许偏差范围内并进行缓行处理。工作面和过流面的焊缝铲平磨光,弧坑补平磨光。

(3)埋件调整及加固后,在5~7d内浇筑混凝土,并在混凝土浇筑时防止受到撞击。如过期或碰撞,应予复测,并报监理工程师重新检查合格后方可浇筑混凝土。

(4)安装埋件混凝土拆模后,应对埋件进行复测,同时检查混凝土面尺寸,清除遗留的钢筋和杂物,以免影响闸门启闭。

(5)闸门埋件不锈钢止水座面和不锈钢复合板钢衬在运输、吊运、安装过程中采取保护措施,以避免碰伤或擦伤不锈钢表面。

(6)闸门埋件安装完成后按合同和设计技术要求对外露面进行涂装。

(7)喷砂除锈前需将金属结构上的焊瘤、焊渣、焊疤、毛刺、油污等清理干净,钢材表面不允许出现可溶解的盐类和非溶解性的残留物。

(8)要求喷砂除去结构表面油污、灰尘、铁锈、氧化皮等,钢材表面露出金属本色,表面清洁度达到不低于Sa2.5级,表面粗糙度Ry60~Ry100 um,用粗糙度比色板对比检查。

(9)热喷涂锌层:锌丝纯度不低于99.99%;喷涂锌层力求厚薄均匀,喷束垂直交叉覆盖,各喷涂带有1/3的宽度重叠,喷枪移走速度以一次喷涂厚度25~80 μm为宜,锌层表面温度降至70 ℃以下时再进行下一层喷涂,喷锌前如发现基体金属表面被污染或返锈,重新处理。锌层喷涂后涂刷环氧云铁涂料与氯化橡胶面漆,涂装前将涂层表面灰尘清理干净,涂装宜在锌层尚有余温时进行,涂层力求达到均匀一致,无漏刷、针孔、流挂、起皱、起泡和脱落现象。涂料涂刷前先在试板上涂刷,确定达到设计厚度的涂刷遍数。现场安装焊缝两侧防腐需留出100~200 mm的范围在现场防腐。注意观测天气情况,喷砂除锈与喷涂锌层均需防止受下雨影响。

(10)喷砂除锈后需及时喷涂锌层,其间隔时间一般在2 h内喷完,如在晴天、较好的大气条件下最长不超过8 h。任何条件下都不允许出现再次氧化现象,喷锌后需及时上油漆层。喷涂油漆后4 h内严防雨淋。

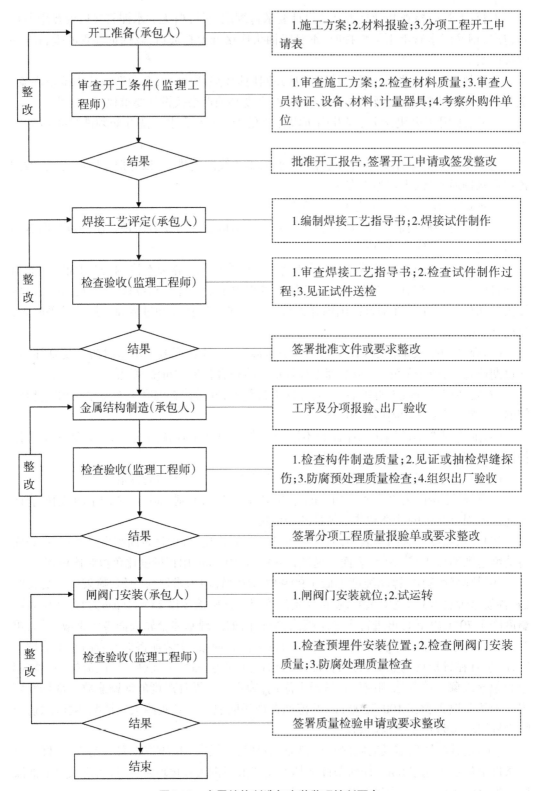

**图 2-13　金属结构制造与安装监理控制要点**

当钢板表面温度低于大气露点3℃以上,雨天或在相对湿度高于85%、施工现场环境温度低于10℃等情况下,不能进行喷砂、喷锌、涂装涂料等作业。

(11)督促施工单位注意施工过程中的安全管理与防护。

**9.电气设备安装工程监理控制要点**

1)强电安装工程

(1)施工过程的监理。

(2)变压器、箱式变电所安装施工验收监理控制。

(3)成套配电柜、控制柜和动力、照明配电箱安装监控。

(4)封闭母线、插接式母线安装监理控制。

(5)低压控制柜安装。

(6)低压电气动力设备试验和试运行。

(7)裸母线、封闭母线、插接式母线安装。

2)弱电安装工程

(1)施工过程的监控。

(2)综合布线系统。

(3)火灾自动报警系统及消防联动系统。

(4)通信网络系统。

(5)计算机网络系统。

(6)闸门监控系统。

(7)安全防范系统。

(8)视频监控系统。

**10.房屋建筑工程隐蔽工程验收质量控制**

(1)地基工程:槽底打钎;槽底土质发生情况;地槽尺寸和地槽标高;槽底井、坑和橡皮土等的处理情况;地下水的排除情况;排水暗沟、暗管设置情况;土的更换情况;试桩和打桩记录等。

(2)钢筋混凝土工程:钢筋混凝土基础的尺寸和试块强度;结构中所配置的钢筋类别、规格、数量、形状、接头位置、钢筋代用及预埋件;装配式结构的接头;钢材焊接的焊条品种、焊缝接头形式;焊缝长度、宽度、高度及焊缝外观质量;沉降缝及伸缩缝等。

(3)砌体工程:砌体断面形式和尺寸;组砌方法;基顶标高及砌体外观质量;砂浆试块强度;砌体配筋的设置及钢筋的类型、规格、数量、接头形式等。

(4)地面工程:已完成的地面下的地基;各种防护层及经过防腐处理的结构或配件。

(5)保温、隔热工程:将被覆盖的保温层和隔热层的品种、厚度。

(6)防水工程:防水部位及管道、设备穿过的防水层处的厚度、平整度、坡度及防水构造节点处理的质量情况。检查组成结构或各种防水层的原料、制品及配件是否符合质量标准。

(7)建筑采暖卫生工程:暗装、埋地和保温的管道、阀门、设备等。检查管道的管径、走向、坡度,各种接口、固定架、防腐保温质量情况及水压和灌水试验情况。

(8)建筑电气安装工程：

①各种电气装置的接地及铺设在地下、墙内、混凝土内、顶棚内的照明、动力、弱电信号、高低压电缆和(重)型灯具及吊扇的预埋件、吊钩、线路在经过建筑物的伸缩缝及沉降缝处的补偿装置等。

②检查接地的规格、材质、埋设深度、防腐做法；垂直与水平的接地体的间距，接地体与建筑物的距离，接地干线与接地网的连接；检查各类暗设电线管路的规格、位置、标高功能要求；接头焊接质量；检查直埋电缆的埋深、走向、坐标、起止点、电缆规格型号、接头位置，埋入方法；检查埋设件吊钩的材质、规格、锚固方法；补偿装置的规格、形状等。

(9)通风工程：暗装和保温的管道、阀门、设备等管道的规格、材质、位置、标高、走向、防腐保温；阀门的型号、规格、耐压强度和严密性试验结果、位置、进口方向等。

11.干砌石砌筑控制要点

(1)石料符合设计规定的类别和强度，石质均匀，不易风化，无裂纹，无泥皮，颜色一致无杂色。

(2)块石形状大体方正，上下面大致平整。厚度180~230 mm，宽度约为厚度的2倍，长度为厚度的3倍，质量不小于25 kg。

(3)砌筑前，将石料刷洗干净，并保持其湿润，但不得残留积水。同时加工修整，打去尖角、薄片。砌体基础的第一层石块将大面向下，铺底1.4 m宽，合顶0.6 m。

(4)砌筑前，测量放线，基坑开挖等工作必须经过监理工程师验收合格后，方可砌筑。

(5)砌筑时，要认真挂线，错缝竖砌，紧靠密实，塞垫稳定，大块封边，表面平整，注意美观，每2 m设置一块拉结石。

# 第三节　工程进度控制

## 一、进度控制的内容

(1)根据项目法人的工程进度总目标及各施工项目施工单位提交的总进度计划，制定工程控制性总进度，包括网络进度计划和表格计划。

(2)审批施工单位报送的各标段施工总进度计划及相关的施工方法(包括设备、材料、人力等资料计划)，使其满足工程控制性总进度。

(3)审批施工单位报送的单项施工计划及其相应的施工措施。

(4)根据批准的施工单位施工总进度和工程师的控制性总进度，确定年、季、月动态的控制性目标计划。

(5)根据批准的施工单位施工总进度和工程控制性总进度，编制设计供图计划，审批物资计划和施工设备计划。

(6)监督、跟踪与分析工程施工进度，并进行信息的汇总与分析。

(7)编制并报送工程进度月报和年报。

(8)根据项目法人的授权，协调各施工单位之间的施工干扰。

（9）分析和评价施工单位的工期索赔。

（10）监理合同规定的其他任务。

本工程于2016年11月1日开工，2017年6月31日全部完工。

## 二、进度控制的制度

（1）落实进度控制的责任，建立进度控制协调制度。

（2）建立施工的作业计划体系，增加平行作业的施工面；采用高效能的施工机械设备，采用新工艺、新材料、新技术缩短工艺时间和工序间的技术间歇时间。

（3）按合同约定对工期提前者实行奖励，滞后者给予罚款。

（4）按合同要求及时协调有关各方的进度，以确保工程总进度目标的实现。

## 三、进度控制的措施

### （一）进度事前控制

1.编制本工程实施总进度计划

工程实施总进度计划为工程实施起控制作用的工期目标，是确定施工合同工期条款的依据，是审核施工单位提交的施工计划的依据，也是确定和审核施工进度与计划进度、材料设备供应进度、资金资源计划是否协调的依据。

2.审核施工单位提交的施工进度计划

（1）监理工程师在接到施工单位提交的工程施工进度计划后，将对进度计划进行认真的审核，检查施工单位所制定的进度计划是否合理，是否适应工程的实际条件和施工现场，避免以不切实际的工程施工进度来控制工程进度。

（2）审查施工单位提交的施工总进度计划是否符合合同工期，阶段进度计划与总进度计划有无冲突。

（3）审查计划中各阶段或各工序间的施工顺序安排是否符合施工工艺要求，施工对资源需求计划是否趋于平衡。

（4）审查进度计划中关键线路是否合理，特别是审核关键线路上关键工序的人力、设备、材料及施工的安排情况，是否保障关键线路的顺利施工。

3.审核施工单位提交的施工方案

主要审核保证工期，充分利用时间的技术组织措施的可行性、合理性。

4.审核施工单位提交的施工总平面图

主要审核施工总平面图与施工方案、施工进度计划的协调性和合理性。

5.编制有关材料采供计划

要求施工单位提前15~20 d提出材料采供计划并提前确定货源及价格，做到不因材料采购而影响工期。

6.制定总工期不突破的对策措施

（1）技术措施：如采用新工艺、新技术，缩短工艺过程和减少工序的技术间歇期、实行平行流水交叉作业或要求采用高效能的施工机械等。

（2）组织措施：如增加机械数量、增加工人人数、增加工作班次等。

（3）经济措施：如实行包干奖金、提高单价、提高奖金水平等。

（4）其他配套措施：如改善外部配合条件、改善劳动条件、实施强有力调度等。

**（二）进度事中控制**

进度的事中控制，一方面是进行进度检查、动态控制和调整；另一方面，及时进行工程计量，为向施工单位支付进度款提供进度方面的依据。其工作内容有：

（1）建立反映工程进度的监理图表。工程开工后，监理工程师将建立工程的月进度控制图表，以便对工程施工的月进度进行控制。

（2）工程进度的检查。根据施工单位的月进度报表，并结合工程实际进展情况，随时掌握施工单位执行计划的情况，如发现工程进度有可能不能按计划进行，将要求施工单位采取相应的措施加快工程进度。

（3）做好有关进度、计量方面的签证，这是支付工程进度款、计算费用与工期索赔的重要依据。

（4）为工程进度款的支付签署进度、计量方面认证意见。

（5）督促项目法人为施工单位提供方便，如工程款及时支付，及时排除外界干扰，协助解决影响工期的各种因素，协调好各施工单位之间的工作，及时处理各种矛盾。

（6）做好工程（暂）停工与复工工作。

（7）控制非施工单位因素对工期带来的影响。

（8）定期向项目法人报告有关工程进度情况。

**（三）进度事后控制**

（1）制定总工期突破后的补救措施。

（2）调整相应的施工计划、材料设备、资金供应计划等，在新的条件下组织新的协调和平衡。

**（四）施工进度计划的检查与调整**

1.检查方式

（1）定期地、经常地收集由施工单位提交的有关进度报表，编制描述实际施工进度状况和反映进度控制的各类图表，它不仅是监理工程师实施进度控制的依据，也是核发工程进度款的依据。

（2）现场跟踪检查工程项目的实际进度情况。

（3）总监理工程师不定期组织施工单位召开现场会议。

（4）检查包括以下内容：关键工作进度，非关键工作进度和时差利用，工作之间的逻辑关系，对检查的结果进行分析、判断，为计划调整提供依据。

2.检查方法

采用对比法，通过检查分析，如果进度偏差较小，在分析其产生原因的基础上采取有效措施，解决矛盾，排除障碍，继续执行原进度计划，如果经过努力，确实不能按原计划实现时，再考虑对原计划进行必要的调整，即适当延长工期或改变施工进度。

3.进度计划的调整

当实际进度计划与施工进度计划发生实质性偏离，监理机构将要求施工单位及时调整进度计划,或工程出现重大变更影响施工进度计划时,监理机构将指示施工单位编制变更后的进度计划。当进度计划的调整使总工期目标、阶段目标、资金使用发生较大变化时,监理机构将提出处理意见报项目法人批准;当出现索赔、争议等事情时,监理机构将认真处理。进度计划调整的方法如下:

(1)调整逻辑关系。

(2)重新估计某工作的持续时间。

(3)对资源的投入做局部调整。

**(五)进度计划的加快与计划延期**

1.工程进度的加快

项目法人要求加快工程进度或工期提前,监理机构修改原计划进度目标,通过工期优化等措施来实现,具体措施如下:

(1)组织措施。增加劳动力、调换技术较高的操作工人、增加班次等。

(2)经济措施。提高劳动酬金,实行计件工资,提高奖金等。

(3)技术措施。改变工艺或操作流程,缩短工序间隙时间,实行交叉作业等。

(4)其他措施。改善外部配合条件,改善劳动条件,加强调度力度。

施工单位要求加快进度,监理工程师审核其进度计划及技术措施,但一般要求以不增加项目法人投资、不降低工程质量为前提。

2.进度计划的延期

在工程项目的施工过程中,进度计划延期分项目法人原因延期和施工单位原因延期两种情况。监理工程师要求施工单位在合同规定的有效期内向监理工程师提交详细的申述报告,并根据施工承包合同的有关规定,经调查后判断延期的性质,确定延期的时间。对于一时难以做出结论的延期事件,可采用先做出临时延期的决定再做出最后决定的办法,避免由于处理不及时而造成更大的损失。发生进度延期事件,不仅影响工程进度,而且会给项目法人带来损失,为避免或减少进度延期事件的发生,监理工程师采取如下控制措施:

(1)选择合适时机下达工程开工令。

(2)提醒项目法人履行施工承包合同中所规定的职责。

(3)妥善处理进度延期事件。若进度计划延期是由施工单位原因造成的,则可采取以下措施予以制约:①停止付款;②施工单位按合同约定赔偿延期损失;③终止对施工单位的雇佣。

# 第四节　工程资金控制

一、资金控制的内容

**(一)工程计量**

(1)可支付的工程量同时符合以下条件:

①经监理机构签认,并符合施工合同约定或项目法人同意的工程变更项目的工程量

以及计日工。

②经质量检验合格的工程量。

③施工单位实际完成的并按施工合同有关计量规定计量的工程量。

(2)在监理机构签发的施工图纸(包括设计变更通知)所确定的建筑物设计轮廓线和施工合同文件约定扣除或增加计量的范围内,按有关规定及施工合同文件约定的计量方法和计量单位进行计量。

(3)工程计量符合以下程序:

①工程项目开工前,监督施工单位按有关规定或施工合同约定完成原始地面地形的测绘,以及计量起始位置地形图的测绘,并审核测绘成果。

②工程计量前,审查施工单位计量人员的资格和计量仪器设备的精度及率定情况,审定计量的程序和方法。

③在接到施工单位计量申请后,审查计量项目、范围、方式,审核施工单位提交的计量所需的资料、工程计量已具备的条件,若发现问题,或不具备计量条件时,督促施工单位进行修改和调整,直至符合计量条件要求,方可同意进行计量。

④会同施工单位共同进行工程计量;或监督施工单位的计量过程,确认计量结果;或依据施工合同的约定进行抽样复核。

⑤在付款申请签认前,对支付工程量汇总成果进行审核。

⑥若发现计量有误,可重新进行审核、计量,进行必要的修正与调整。

(4)当施工单位完成了每个计价项目的全部工程量后,要求施工单位与其共同对每个项目的历次计量报表进行汇总和总体测量,核实该项目的最终计量工作量。

**(二)工程款支付**

**1.付款申请和审查**

付款申请和审查符合下列规定:

(1)只有计量结果被认可,监理机构方可受理施工单位提交的付款申请。

(2)施工单位按照规范规定的表格式样,在施工合同约定的期限内填报付款申请表。

(3)在接到施工单位付款申请后,在施工合同约定时间内完成审核。付款申请符合以下要求:

①付款申请表填写符合规定,证明材料齐全。

②申请付款项目、范围、内容、方式符合施工合同约定。

③质量检验签证齐备。

④工程计量有效、准确。

⑤付款单价及合价无误。

⑥因施工单位申请资料不全或不符合要求,造成付款证书签证延误,由施工单位承担责任。未经监理机构签字确认,项目法人不支付任何工程款项。

**2.预付款支付**

预付款支付符合下列规定:

(1)在收到施工单位的工程预付款申请后,审核施工单位获得工程预付款已具备的条件。条件具备,额度准确时,可签发工程预付款付款证书。

在审核工程价款月支付申请的同时审核工程预付款应扣回的额度,并汇总已扣回的工程预付款总额。

(2)在收到施工单位的工程材料预付款申请后,审核施工单位提供的单据和有关证明资料,并按合同约定随工程价款月付款一起支付。

(3)工程预付款支付程序:

①施工单位填写"工程预付款报审表",报项目监理机构。

②项目总监理工程师审核是否符合建设工程施工合同的规定,并及时签发"工程预付款支付证书"。

③监理工程师按合同的约定,及时抵扣工程预付款。

**3.工程价款月支付**

工程价款月支付符合下列规定:

(1)工程价款月支付每月一次。在施工过程中,监理机构审核施工单位提出的月付款申请,同意后签发工程价款月付款证书。

(2)工程价款月支付申请包括以下内容:

①本月已完成并经监理机构签认的工程项目应付金额。

②经监理机构签认的当月计日工的应付金额。

③工程材料预付款金额。

④价格调整金额。

⑤施工单位有权得到的其他金额。

⑥工程预付款和工程材料预付款扣回金额。

⑦保留金扣留金额。

⑧合同双方争议解决后的相关支付金额。

(3)工程价款月支付属工程施工合同的中间支付,监理机构可按照施工合同的约定,对中间支付的金额进行修正和调整,并签发付款证书。

(4)月支付工程款支付程序:

①按月支付工程款(包括工程进度款、设计变更及洽商款、索赔款等)时,施工单位根据监理工程师审批的工程量,按施工承包合同的规定(或工程量清单)计算工程款,并填写"工程进度付款申请单"报项目监理机构审核。

②监理工程师审核后,由项目总监理工程师签发"工程进度付款证书",报项目法人。

**4.工程变更支付**

依照施工合同约定或工程变更指示所确定的工程款支付程序、办法及工程变更项目施工进展情况,在工程价款月支付的同时进行工程变更支付。

**5.计日工支付**

计日工支付符合下列规定:

(1)可指示施工单位以计日工方式完成一些未包括在施工合同中的特殊的、零星的、漏项的或紧急的工作内容。在指示下达后,检查和督促施工单位按指示的要求实施,完成后确认其计日工工作量,并签发有关付款证明。

(2)在下达指示前取得项目法人批准。施工单位可将计日工支付随工程价款月支付一同申请。

6.保留金支付

保留金支付符合下列规定：

(1)合同项目完工后并签发工程移交证书之后,按施工合同约定的程序和数额签发保留金付款证书。

(2)当工程保修期满之后,签发剩余的保留金付款证书。如果监理机构认为还有部分剩余缺陷工程需要处理,报项目法人同意后,可在剩余的保留金付款证书中扣留与处理工作所需费用相应的保留金余款,直到工作全部完成后再支付剩余的保留金

7.完工支付

完工支付符合下列规定：

(1)及时审核施工单位在收到工程移交证书后提交的完工付款申请及支持性资料,签发完工付款证书,报项目法人批准。

(2)审核内容包括：

①到移交证书上注明的完工日期止,施工单位按施工合同约定累计完成的工程金额。

②施工单位认为还应得到的其他金额。

③项目法人认为还应支付或扣除的其他金额。

8.最终支付

最终支付符合下列规定：

(1)及时审核施工单位在收到保修责任终止证书后提交的最终付款申请及结算清单,签发最终付款证书,报项目法人批准。

(2)审核内容包括：

①施工单位按施工合同约定和经监理机构批准已完成的全部工程金额。

②施工单位认为还应得到的其他金额。

③项目法人认为还应支付或扣除的其他金额。

9.施工合同解除后的支付

施工合同解除后的支付符合下列规定：

(1)因施工单位违约造成施工合同解除的支付。监理机构就合同解除前施工单位应得到但未支付的下列工程价款和费用签发付款证书,但应扣除根据施工合同约定应由施工单位承担的违约费用：

①已实施的永久工程合同金额。

②工程量清单中列有的、已实施的临时合同金额和计日工金额。

③为合同项目施工合理采购、制备的材料、构配件、工程设备的费用。

④施工单位依据有关规定、约定应得到的其他费用。

(2)因项目法人违约造成施工合同解除的支付。就合同解除前施工单位所应得到但未支付的下列工程价款和费用签发付款证书：

①已实施的永久工程合同金额。

②工程量清单中列有的、已实施的临时工程合同金额和计日工金额。

③为合同项目施工合理采购、制备的材料、构配件、工程设备的费用。

④施工单位退场费用。

⑤由于解除施工合同给施工单位造成的直接损失。

⑥施工单位依据有关规定、约定应得到的其他费用。

(3)因不可抗力致使施工合同解除的支付。根据施工合同约定,就施工单位应得到但未支付的下列工程价款和费用签发付款证书。

①已实施的永久工程合同金额。

②工程量清单中列有的、已实施的临时工程合同金额和计日工金额。

③为合同项目施工合理采购、制备的材料、构配件、工程设备的费用。

④施工单位依据有关规定、约定应得到的其他费用。

(4)上述付款证书均报项目法人批准。

(5)按施工合同约定,协助项目法人及时办理施工合同解除后的工程接收工作。

10.价格调整

按施工合同约定的程序和调整方法,审核单价、合价的调整。当项目法人与施工单位对价格调整协商不一致时,监理机构可暂定调整价格。价格调整金额随工程价款月支付一同支付。

## 二、资金控制的制度

(1)严格执行建筑工程施工合同中所确定的合同价、单价和约定的工程款支付方法。

(2)坚持在报验资料不全、与合同文件的约定不符、未经质量签认合格或有违约时不予审核和计量的规定。

(3)工程量与工程量的计量符合有关的计算规则。

(4)处理由于设计变更、合同补充和违约索赔引起的费用增减,坚持合理、公正。

(5)对有争议的工程量计量和工程款,采取协商的方法确定,在协商无效时,由总监理工程师做出决定。

(6)对工程量及工程款的审核在建设工程施工合同所约定的时限内进行。

## 三、资金控制的措施

### (一)组织措施

(1)落实造价控制的负责人和工作人员。

(2)明确造价控制部门与其他部门的联系协调制度、其他部门在造价控制方面的职责。

(3)明确造价控制人员的任务和职能分工。

(4)确定造价工作的工作流程制度。

### (二)经济措施

(1)进行投资分解,编制资金使用计划。

(2)进行投资计划值与实际值的比较和投资完成情况分析,提出调整措施。

（3）认真审核施工单位的月报表及其附表，审核一切有关的基础资料和记录，确保月付款证书的准确性。

**（三）技术措施**

通过设计方案和施工方案的优化节约投资，包括工艺、材料、设备的优化。对工程变更做技术经济比较论证。

**（四）合同措施**

（1）审查合同条款，对不利投资控制的条款或存在合同漏洞时通知项目法人，并提出自己的观点，以便项目法人与施工单位协商。

（2）合同解释时遵从《中华人民共和国合同法》的原则。

（3）参与实施阶段的合同谈判。

（4）处理好索赔事宜。

（5）根据合同条款进行罚款，或回收款项，处理合同利益的转让。

（6）审查担保和保险的执行情况。

**（五）工程投资控制的主要监理工作**

（1）审批施工单位提交的各阶段及年、季、月度资金使用计划。

（2）通过风险分析，找出工程造价最易突破的部分、最易发生费用索赔的原因及部位，并制定防范性对策。

（3）协助项目法人编制合同项目的付款计划。

（4）依据工程图纸、概预算、合同的工程量建立工程量台账。

（5）经常检查工程计量和工程款支付的情况，对实际发生值与计划控制值进行分析、比较。

（6）严格执行工程计量和工程款支付的程序和时限要求。

（7）根据工程实际进展情况，对合同付款情况进行分析，提出资金流调整意见。

（8）审核工程付款申请，签发付款证书。

（9）根据施工合同约定进行价格调整。

（10）根据授权处理工程变更所引起的工程费用变化事宜。

（11）根据授权处理合同索赔中的费用问题。

（12）审核完工付款申请，签发完工付款证书。

（13）审核最终付款申请，签发最终付款证书。

（14）通过"监理通知"与项目法人、施工单位沟通信息，提出工程造价控制的建议。

# 第五节　施工安全控制及文明施工监理

## 一、施工安全监理的范围和内容

（1）施工阶段依据监理合同、施工合同、国家有关法律，建设主管部门有关文件规定，安全监理工作范围是安全机构对工程项目施工阶段的现场进行安全生产，文明施工监督管理。

(2)严格执行《建筑工程安全生产管理条例》,贯彻执行国家现行的安全生产的法律、法规,建设行政主管部门的安全生产的规章制度和建设工程强制性标准。

(3)查验施工单位的"资质证书",施工单位必须取得由建设行政主管部门签发的《施工许可证》等。

(4)督促施工单位建立并落实安全生产责任制、安全管理目标、工地有工程项目安全生产的第一责任人和直接责任人、防火责任人、专职工地安全员的任命书。

(5)督促并查验施工单位按要求在现场张挂"五牌一图""五牌一图"是指施工标牌、组织网络牌、安全纪律牌、防火须知牌、文明施工牌、施工现场平面图。

(6)督促施工单位落实安全生产的组织保证体系,建立健全安全生产责任制;审查施工单位的安全施工组织设计,安全施工方案。

(7)督促施工单位对工人进行安全生产教育及分部、单元工程的安全技术交底。检查施工单位和各项安全文明施工制度是否齐全。有如下内容的安全文明施工制度:①安全生产检查制度;②安全技术交底制度;③安全教育制度;④现场防火管理制度;⑤许可证、准用证、使用证检查验收制度;⑥施工用电安全技术管理制度;⑦文明施工管理制度;⑧机械设备的检修维护、保养制度;⑨工伤事故管理制度;⑩有关安全、文明施工的职工奖励、处罚制度。

(8)检查并督促施工单位,按照建筑施工安全技术标准和规范要求,落实分部、单元工程或各工序的安全防护措施。检查施工单位在该工程进行的各种专业施工具有的技术安全规范、作业安全技术交底文件。如常用的《施工安全检查标准》《施工现场临时用电安全技术规范》、脚手架安全技术规范、物料提升机安全技术规范及深基坑工程、人工挖孔桩工程、土石方工程、模板工程、钢筋工程、混凝土工程、砌砖、抹灰工程,以及电、气焊作业等的有关安全规范和作业安全技术交底的有关文件。

(9)监督检查施工现场的消防工作、冬季防寒、夏季防暑、文明施工、卫生防疫等各项工作。

(10)进行质量安全综合检查。发现违章冒险作业的要责令其停止作业,发现安全隐患的要求施工单位整改,情况严重的,责令停工整改并及时报告项目法人。

(11)施工单位拒不整改或者不停止施工的,监理人员及时向建设行政主管部门报告。

(12)督促施工单位认真贯彻执行国家有关工程建设安全生产、文明施工有关的法律法规。

(13)认真履行委托监理合同约定的有关安全监理工作内容。

(14)查验施工单位应有的设备经相关主管部门检验后颁发的《许可证》《准用证》《使用证》等及其有效性。

(15)施工现场使用的安全立网、平网必须符合规范要求。

(16)查验现场使用的施工机械设备、机具等具有由施工企业机电管理部门检查合格并签发的《使用证》,《使用证》挂在机械设备机具上。

(17)查验施工现场临时用电设施的验收手续。

(18)查验模板工程在浇筑混凝土前具有施工单位安技部门签发的验收手续。

(19)查验发现有不符合规定的《准用证》《使用证》和未办理安全检验手续的,立即通报施工单位整改处理。查验特种作业人员持证上岗情况：

①特种作业人员包括电工、焊(割)工、架子工、起重指挥、大中型机械操作手等。

②查验施工单位在工地的特种作业人员登记名册，并查验其是否经培训考试合格、按时复审、操作证有效。

③在工地抽查正在作业的特种作业工人，对照名册查验是否有弄虚作假、无证上岗等现象。

(20)督促查验施工单位做好安全教育、开展班前安全活动。

①督促施工单位对新进场的作业人员进行"三级"安全教育，督促施工单位对变更工种工人的新工种安全技术教育。

②督促施工单位在节假日前后对全体施工人员进行安全教育。

③督促施工单位组织施工人员进行安全操作规程的学习和各种定期和季节性的安全技术教育。

④检查有否建立班前安全活动制度和执行情况，检查进行班前作业安全交底，对劳保用品、作业环境、机械设备安全检查和各项安全措施落实情况的各种班前活动记录。

(21)检查施工单位施工现场临时用电安全，并对现场临时用电有关人员进行安全交底，强调施工现场的临时用电必须采用三相五线制、漏电开关漏电保护、用电设备保护接零的供电系统，对设备实施一机一闸一漏的配电方式和采用认证的电工器材产品。

①检查施工单位有临时用电的施工组织设计资料，设计必须由电气技术人员负责，上一级技术负责人审核，总工程师批准，组织设计包括：施工现场的电力负荷计算；变压器容量的选择；供电线路负荷电流的导线截面的选择；配电箱开关箱的型号、规格；电气平面图、接线系统图；安全用电技术措施和电气防火安全措施等。

②经常对临时用电进行检查，如有不合格项(处)，立即对施工单位发出整改通知。

③查验配电线路的起端、中部及末端各处的接地装置的接地电阻测试记录，其接地电阻不大于 $10\ \Omega$；当工地自设变压器时，还查验变压器接地电阻不应大于 $4\ \Omega$。

④查验工地所有的主线路与分线路都必须采用三相五线制，保护接零线不与工作零线混用，且这二根零线的截面不少于相线截面的一半。

(22)查验所有的电动机械设备其外壳均与保护零线有良好的电气联接，其联接线一般机械设备采用不少于 $2.5\ mm^2$ 铜绝缘线，小型电动机具采用不少于 $1.5\ m^2$ 铜绝缘线。

①查验所有的电动机械设备，均采用一机一闸一漏的开关箱，开关箱内漏电开关其漏电动作电流时间为 $30\ mA\cdot 0.1\ s$，使用于潮湿等特殊场所的为 $15\ mA\cdot 0.1\ s$。按漏电开关检验按钮时，开关能可靠分断。

②查验线路架空、埋地敷设符合规范，架空线与地面的最小距离，现场 $\geqslant 4\ m$，机动车道 $\geqslant 6\ m$。

③巡视工地现场不得使用外壳防护破损、绝缘损坏的电器设备，所有配线均采用绝缘导线，用绝缘子固定。

④查验配电箱有门、锁、安全标志齐全、防雨、进出线导线截面与使用负荷匹配，且均为下进下出，外壳保护接零。

⑤查验操作电工必须持有符合该操作电工等级的"电工证"，停电维修时，悬挂"有人

操作、禁止合闸"的标志牌。

⑥对临时用电的安全监督检查贯彻在全过程的施工中,一但巡视发现有安全隐患,立即通报施工单位整改。

(23)审核施工总平面布置图是否合理,办公、宿舍、食堂等临时设施的设置以及施工现场场地、道路、排污、排水、防火措施是否符合有关安全技术标准规范和文明施工的要求。

## 二、施工安全监理的制度

根据国家颁布的《水利工程施工监理规范》(SL 288—2014),监理机构将按以下几个方面制定并实施监理工作制度。

### (一)定期学习与交流制度

安全总监理工程师组织安全监理人员研究设计文件、有关规定、规范、标准、安全监理合同、安全监理细则和及时传达项目法人的文件和会议精神等,建立起定期学习和交流制度。

### (二)监理日记记录制度

(1)各专业组必须填写监理日记,记录每天安全监理工作内容。

(2)总监理工程师每月检查各专业组的日记。

(3)各专业组在检查安全时,同时要注意文明生产,并将其纳入安全监理日记的内容中。

### (三)项目安全监理总结制度

(1)各专业组每月在规定日期向安全总监理工程师提供监理月报,并由其审阅。

(2)资料人员根据各组监理月报编写出综合监理月报,经总监理工程师审查后,报上级主管部门。

### (四)安全监理资料的管理与归档制度

(1)安全监理工作每周一次例会(和施工监理例会一并进行),由资料人员负责记录整理、保存。

(2)其他有关文件、设计及变更设计图纸、会议记录、安全监理联系单和信函,由有关人员处理后交资料组保存。

### (五)开工前安全审查制度

(1)《营业执照》。

(2)《施工许可证》。

(3)《安全资质证书》。

(4)《建筑施工安全监督书》。

(5)安全生产管理机构的设置及安全专业人员的配备等。

(6)安全生产责任制及管理体系。

(7)安全生产规章制度。

(8)特种作业人员的上岗证及管理情况。

(9)各工种的安全生产操作规程。

(10)主要施工机械、设备的技术性能及安全条件。

**(六)安全施工组织设计及安全施工方案审核制度**

1.审核施工组织设计中安全技术措施的编写、审批

(1)安全技术措施由施工企业工程技术人员编写。

(2)安全技术措施由施工企业技术、质量、安全、工会、设备等有关部门进行联合会审。

(3)安全技术措施由具有法人资格的施工企业技术负责人批准。

(4)安全技术措施由施工企业报项目法人审批认可。

(5)安全技术措施变更或修改时,按原程序由原编制审批人员批准。

(6)审核施工组织设计中安全技术措施或专项施工方案是否符合工程建设强制性标准。

2.土方工程

(1)地上障碍物的防护措施是否齐全完整。

(2)地下隐蔽物的保护措施是否齐全完整。

(3)相邻建筑物的保护措施是否齐全完整。

(4)场区的排水防洪措施是否齐全完整。

(5)土方开挖时的施工组织及施工机械的安全生产措施是否齐全完整。

(6)基坑的边坡的稳定支护措施和计算书是否齐全完整。

(7)基坑四周的安全防护措施是否齐全完整。

3.脚手架

(1)脚手架设计方案(图)是否齐全完整可行。

(2)脚手架设计验算书是否正确、齐全完整。

(3)脚手架施工方案及验收方案是否齐全完整。

(4)脚手架使用安全措施是否齐全完整。

(5)脚手架拆除方案是否齐全完整。

4.模板施工

(1)模板结构设计计算书的荷载取值是否符合工程实际,计算方法是否正确。

(2)模板支撑系统自身及支撑模板的楼、地面承受能力的强度等。

(3)模板设计图包括结构构件大样及支撑系统体系,连接件等的设计是否安全合理,图纸是否齐全。

(4)模板设计中安全措施是否周全。

5.高处作业

(1)临边作业的防护措施是否齐全完整。

(2)洞口作业的防护措施是否齐全完整。

(3)悬空作业的安全防护措施是否齐全完整。

6.交叉作业

(1)交叉作业时的安全防护措施是否齐全完整。

(2)安全防护棚的设置是否满足安全要求。

(3)安全防护棚的搭设方案是否完整齐全。

7.临时用电

(1)电源的进线、总配电箱的装设位置和线路走向是否合理。

(2)负荷计算是否正确完整。

(3)选择的导线截面和电气设备的类型规格是否正确。

(4)电气平面图、接线系统图是否正确完整。

(5)施工用电是否采用接零保护系统。

(6)是否实行"一机一闸"制,是否满足分级分段漏电保护。

(7)照明用电措施是否满足安全要求。

8.安全文明管理

(1)检查现场挂牌制度、封闭管理制度、现场围挡措施、总平面布置现场宿舍、生活设施、保健急救、垃圾污水、防火、宣传等安全文明施工措施是否符合安全文明施工的要求,落实工程安全检查制度。

(2)日常现场跟踪监理,根据工程进展情况,监理人员对各工序安全情况进行跟踪监督、现场检查、验证施工人员是否按照安全技术防范措施和操作规程操作施工,发现安全隐患,及时下达监理通知,责令施工企业整改。

(3)对主要结构、关键部位的安全状况,除日常跟踪检查外,视施工情况,必要时可做抽检和检测工作。

(4)及时与建设行政主管部门进行沟通,汇报施工现场安全情况,必要时,以书面形式汇报,并做好汇报记录。

(5)若施工单位拒不整改或者不停止施工,及时向项目法人和建设行政主管部门报告。

(6)如遇到下列情况,监理人员要直接下达暂停施工令,并及时向项目总监理工程师和项目法人汇报。

①施工中出现安全异常,经提出后,施工单位未采取改进措施或改进措施不符合要求时。

②对已发生的工程事故未进行有效处理而继续作业时。

③安全措施未经自检而擅自使用时。

④擅自变更设计图纸进行施工时。

⑤使用没有合格证明的材料或擅自替换、变更工程材料时。

⑥出现安全事故时。

9.工程安全事故处理制度

(1)施工现场工伤事故定期报告制度和记录。建立事故档案,每月要填说明,伤亡事故报表由施工单位安全管理部门盖章认可。

(2)发生伤亡事故必须按规定进行报告,并认真按"四不放过"(事故原因调查不清不放过,事故责任不明不放过,事故责任者和群众未受到教育不放过,防范措施不落实不放过)的原则进行调查处理。

## 三、施工安全监理的措施

### (一)组织措施

1.建立施工单位安全重点检查安全组织

工程项目开工前,监理机构要求施工单位按工程建设合同文件规定,建立施工安全管理机构和施工安全保障体系。同时还督促施工单位设立专职施工安全管理人员,以全部工作时间用于施工过程中的安全检查、指导和管理,并及时向监理机构反馈施工作业中的安全事宜。

2.监理机构的安全监督

(1)监理机构根据工程建设监理合同文件规定,建立施工安全监理制度,制定施工安全控制措施。严格执行安全生产的有关规定和制度,实行安全生产责任制,总监理工程师负责将安全生产责任落实到每个岗位;监理机构设置安全监理工程师,以加强对施工安全作业行为进行检查、指导与监督。

(2)检查施工单位落实安全生产措施的情况,对无安全保障的施工要求施工单位按时予以纠正。

(3)组织安全检查小组,定期或不定期检查安全生产落实情况。

(4)管理工程师及监理员负责现场安全生产的检查、跟踪,及时将现场安全生产情况向总监理工程师汇报并提出建议。

3.严格进行施工安全措施计划审批

工程项目开工前,监理机构要求施工单位按国家、部门关于施工安全的有关法令、法规和工程建设合同文件规定,编制施工安全措施和施工作业安全防护规程手册,尤其是工程防洪、防火或安装作业、机械作业及施工用电等,必须有相应的安全措施和专门的安全负责人、安全生产管理制度。报送监理机构审批和备存。同时,监理机构还对施工单位安全作业措施和安全防护规程手册的学习、培训及施工安全教育情况进行检查。

4.施工安全检查

工程施工过程中,监理机构对施工安全措施的执行情况进行经常性的检查。同时,还派遣施工安全监理工程师加强对高空、地下、高压、爆破及其他安全事故多发施工区域、作业环境和施工环节的施工安全进行检查和监督。

5.参加安全事故处理

监理机构根据工程建设合同文件规定和项目法人授权,参加施工安全事故的调查并提出处理意见。

**(二)设备管理措施**

1.附属设备

(1)检查各种施工架、梯子、支撑等是否符合国家颁布的有关标准和要求。

(2)要求施工单位对附属设备的结构、强度按照不同要求和不同工程环境进行必要的验算并由安全监理工程师进行复核,同时对所使用的材料实施严格检查。

2.机械设备措施

机械设备的使用、管理计划及操作方法是否妥当,直接关系到工程安全生产的成败。为此,监理工程师将督促施工单位根据工程进度定出使用机械的种类、性能、组合、施工量及使用期限,及时搬运到现场。使用租借机械时,还将详细调查该租借中心的机械性能及操作者的情况,杜绝贪图单价低廉而降低标准,防止机械伤害事故的发生。

3.消防设备措施

(1)树立"预防为主,以消为铺"的指导思想,施工单位要认真学习有关消防法规,层层签订责任协议书,保证工程建设过程中的消防安全。

(2)根据消防的有关规定,脚手架要层层配备灭火器。危险品仓库远离生活区,并配备消防设施。生活区内要按规定配备必要的消防器材。

(3)督促施工单位落实专人,负责对消防器材进行定期检查,确保其有效使用。

4.现场管理措施

1)作业环境

影响作业环境的因素主要为现场设备管理、作业者之间的密切合作及管理体制等,为此监理机构将根据具体情况要求施工单位对其进行不断调整和完善。

2)重点突出

监理工程师将督促施工单位预先了解现场作业的重点及每天各种作业的危险性,并要求对各种作业方法给出明确的指示及完整的操作技术规程,防止作业者的趋简行为出现隐患,杜绝省略安全手段的现象发生。

3)作业前的交底

当天的现场作业之前,要求各班组长向全体作业者讲述当天的作业范围、方法、安全上的注意事项及安全建议。

4)安全教育

安全教育的主要内容在于使作业者了解正确的作业方法及现场的安全规定。监理机构将配合施工单位按等级层次和工作性质不同进行上岗前培训。采取讨论、个别教育、实地演练、实习等方式进行。

5)灾害调查

一旦发生灾害、事故,监理机构将协助有关部门调查事故发生原因,谋求补救措施,以防止同类、同倾向事件再次发生,主要开展以下几方面工作:

(1)维持现场原状,摄取照片。

(2)客观调查、反映事实。

(3)事实与推论分开调查。

(4)先观察现场状况,后听人员的证词。

## 四、环境管理体系与职业健康安全体系监理的措施

### (一)环境因素和危险源识别与评价过程

监理机构根据本工程的特点,按公司《环境和职业健康安全管理手册》中相关文件的要求,对项目的环境因素和危险源进行识别与评价。明确监理机构的重要环境因素和重大危险源。

### (二)监理机构环境和职业健康安全管理目标

根据监理机构的重要环境因素、重大危险源、公司环境和职业健康安全管理总目标,制定本监理机构环境和职业健康安全管理目标,通过保证监理机构目标的实现,确保整个公司环境和职业健康安全管理总目标的实现。

1.监理机构环境管理目标

防止施工噪声超标排放,防止运输遗洒,防止废水排放超标,防止固体废弃物无序废

弃,减少施工现场粉尘,防止火灾发生,防止化学品泄漏、气瓶爆炸。

2.监理机构职业健康安全管理目标

负责任的重伤和死亡事故:无。工伤频率:15‰以内。公司季度安全文明施工检查:优良。

3.监理机构环境和职业健康安全管理职责

1)总监理工程师

贯彻公司环境和职业健康安全管理方针,制定并分解监理机构环境和职业健康安全管理目标,检查了解监理机构环境和职业健康安全管理目标的完成情况。

组织实施施工现场的环境和职业健康安全管理制度,对监理机构环境和职业健康安全管理工作负总责。

审核监理机构环境和职业健康安全管理方案,确保所需资源满足要求。组织监理机构安全周检和环境月检,确保检查中发现的问题能得到及时整改。负责对外环境和职业健康安全方面的信息交流工作。

2)副总监理工程师

组织监理机构人员学习相关法律法规,确保监理机构人员了解相关要求和遵守法规。组织监理机构管理人员识别各施工阶段的环境因素和危险源,形成本监理机构重要环境因素和重大危险源清单,提交公司综合部审核。组织编制监理机构环境和职业健康安全管理方案,确保管理方案的技术措施合理有效。负责制定环境和职业健康安全预防、纠正措施。对监理机构环境和职业健康安全文件控制、记录控制负总责。

3)监理工程师

具体实施各项环境和职业健康安全管理措施,确保措施持续有效。负责对与本专业有关的监理人员技术交底和安全技术交底,交底包括环境和职业健康安全管理要求。

4)监理员

具体负责环境和职业健康安全监督检查工作,将检查中发现的隐患记录备案并通知有关人员,监督检查整改情况。

**(三)环境运行控制**

1.施工现场规划

监理机构在环境运行控制中,认真执行 ISO14001:2004 环境管理体系标准、公司相关程序文件及管理规定、《建设工程施工现场环境与卫生标准》(JGJ 146—2013)等。

在产品实现策划过程中,监理机构参与施工现场总体规划,要求施工单位绘制施工现场平面布置图,并要求施工单位按图进行现场布置。

施工现场总体规划必须满足施工生产和环保需要,考虑对周围相关方的影响及消防安全的需要,并满足地方政府主管部门的规定,以及考虑成本方面的要求。监理机构可根据施工进度及现场情况,要求施工单位分阶段进行现场平面布置。

监理机构按施工、办公、生活等功能对施工现场做出合理分区。各功能区之间及功能区内部道路要畅通,施工现场的主要道路必须进行硬化处理,土方集中堆放。裸露的场地和集中堆放的土方采取覆盖、固化或绿化等措施。

本工程施工垃圾的清运,必须采用相应容器或管道运输,严禁凌空抛掷。

2.施工现场临时设施

1)各功能区相应设施

施工区设材料库、材料堆放场、构配件加工场、砂浆搅拌站、垃圾堆放场、厕所、门卫室等设施,有条件时可增设饮水室、吸烟室等。办公区设会议室、办公室、宣传栏等。生活区设职工宿舍、厕所、淋浴室、学习和娱乐场所。在合理位置设置消防设施。

2)对临时设施的要求

临时设施所用建筑材料符合环保、消防要求。材料库具有防雨、防晒、防潮、防火、防盗等功能。存放化学品和危险品的库房,符合物资保管规定。用电线路符合规定要求。

沙子堆场进行硬化,场地大小根据工程规模及进度确定。主要材料堆场位置的施工道路设置车辆回转掉头空间。

施工现场宿舍设置可开启式窗户,宿舍内的床铺不得超过2层,严禁使用通铺。监理机构生活区共设4间宿舍,每间 3 m×6.8 m,可居住8人,每人住宿面积超过 10 m²,符合要求。职工宿舍外配备消防设施。

施工现场必须采用封闭围挡,高度不得小于 1.8 m。入口处设门卫值班室。施工现场设施搭设或施工完毕,由项目经理组织验收,合格后投入使用。验收可以分阶段进行。

施工现场配备常用药及绷带、止血带、颈托、担架等急救器材。食堂的燃气罐设置单独存放间,存放间通风良好并严禁存放其他物品。

3)其他要求

食堂必须有卫生许可证,炊事人员必须持身体健康证上岗。

办公区和生活区采取灭鼠、蚊、蝇、蟑螂等措施,并定期投放和喷洒药物。施工现场作业人员发生法定传染病、食物中毒或急性职业中毒时,必须在 2 h 内向施工现场所在地建设行政主管部门和有关部门报告,并积极配合调查处理。

3.环境因素分级管理制度

对于重大环境因素,要求制订专项管理方案。

其他环境因素,执行公司编制发布的管理文件,通过执行管理程序、对监理机构人员培训和教育、编制施工组织设计和施工方案并遵照执行、编制应急预案并组织演习、加强现场监督检查、保持措施等方面管理。

4.职业健康安全运行控制

监理机构在环境运行控制中,认真执行ISO14001:2011职业健康安全管理体系标准、公司相关程序文件及管理规定。

1)安全教育

工人进场必须进行岗位安全三级教育,即必须进行公司级、项目级、监理机构级的安全教育。

公司统一培训,首先由综合部牵头,讲授安全生产常识和技术要求,教育后办理签字手续。公司总工程师可代表公司进行安全教育并签字。

公司组建项目监理机构后,由总监理工程师负责进行安全技术教育,教育后办理签字手续。

监理员教育,由监理工程师具体负责,教育内容为事故教训及本项目的工作环境等,教育后办理签字手续。

开工前监理机构成员需进行安全生产知识培训,由总监理工程师安排时间并授课,经考试合格后,方可上岗。每年安全知识学习时间,专职安全监理工程师不少于40 h,其他监理人员不少于20 h。

2)施工安全技术交底

分项工程施工前由施工工长进行安全技术交底,安全技术交底必须单独进行。交底内容要全面,结合本工序存在的重要环境因素、重大危险源进行针对性技术交底,与操作人员办理签字手续。无安全技术交底就进行施工,监理机构不予批复。

安全技术交底的签字手续必须由交底者和接受交底者本人进行签字,绝对不允许代签。

3)安全检查

监理机构每周组织一次例行安全检查,安全监理工程师日常进行巡回检查。检查做好记录。班组在施工操作前,要先检查脚手架、机械设备、电气设备、起重设备和工具及防护设施等,遇有不符合安全要求的,责令施工单位停工,及时解决。

对危险的部位和过程,安全监理工程师进行连续安全监控,及时消除事故隐患。公司安全部门定期检查项目的安全生产情况,一般每季度至少检查一次。所有检查以国家、行业、地方的相关标准规定为依据。当上述标准不能覆盖工程项目的具体情况时,在安全保证计划或安全技术措施中明确规定。

4)危险源分级管理制度

对于重大危险源,要求制订专项管理方案。

其他危险源,执行公司编制发布的管理文件,通过执行管理程序、对监理机构人员培训和教育、编制施工组织设计和施工方案并遵照执行、编制应急预案并组织演习、加强现场监督检查、保持措施等方面管理。

# 第六节　合同管理的其他工作

## 一、变更的处理程序和监理工作方法

工程变更包括设计变更和施工变更,是指因设计条件、施工现场条件、设计方案、施工方案发生变化,或项目法人与监理机构认为必要时,为实现合同目的对设计文件或施工状态所做出的改变与修改。

**(一)监理机构接受的工程变更指示、通知或建议**

监理机构仅接受以下几方面的变更指示、通知和建议:

(1)执行项目法人发出的工程变更指示。

(2)设计单位为合同工程实施所提出的工程变更建议或设计修改通知。

(3)由于施工现场条件、施工方案或施工状态发生变化,工程施工单位依照合同文件规定的程序提出的变更建议。

### (二)变更申报要求与内容

工程施工单位向监理机构提交的施工变更建议书包括以下主要内容：

(1)变更的原因及依据。

(2)变更的内容及范围。

(3)变更工程量清单(包括工程量或工作量、引用单价、变更后合同价格及引用的施工项目合同价格增加或减少总额)。

(4)变更项目施工进度计划(包括施工方案、施工进度及对合同控制进度目标和完工期的影响)。

### (三)一般工程变更和常规设计变更

一般工程变更和常规设计变更(指仅涉及分部工程细部结构,局部布置或施工方案改变的工程变更及设计本身错误变更),由项目法人授权监理机构组织进行审查和批准。监理机构在接受设计单位或工程施工单位的设计修改通知或变更建议后应该：

(1)对变更项目设计的可行性与可靠性进行技术审查。

(2)对变更项目的工程量清单及经济合理性进行审查。

(3)对变更项目的施工进度计划及对合同工期影响进行审查。

(4)根据建议单位授权批准签发下达实施,或在与各方协商和协调后,提出本项工程变更的审查意见,连同工程变更建议书报送项目法人决策。

### (四)监理机构以工程变更的通知、要求或建议审查遵循的基本原则

(1)变更不降低工程的质量标准,也不影响工程完建后的运行与管理。

(2)工程变更设计技术可行,安全可靠。

(3)工程为更有利施工实施,不至于因施工工艺或施工方案的变更,导致合同价格的大幅度增加。

(4)工程变更的费用及工期是经济合理的,不至于导致合同价格的大幅度增加。

(5)工程变更尽可能不对后续施工产生不良影响,不至于因此而导致合同控制性工期目标的推迟。

### (五)变更的合同支付

变更的合同支付按以下几方面执行：

(1)工程变更支付按合同文件规定执行,除非另行签订协议或合同文件另有规定,否则：

①工程项目相同的,按合同报价单中已有单位价或价格执行。

②合同报价单中没有适用单价或价格的,引用合同报价中类似的单价或价格修正调整后执行。

③合同报价单中的单价或价格明显不合理或不适用的,经协商确定或由工程施工单位依照合同报价的原则和编制依据重新编制后报送审核与批准。

④经协商仍长久地不能达成一致意见的,监理机构有权独立地决定认为合适的暂定单价或价格,并相应地通知工程施工单位和项目法人单位后执行。

(2)工程变更的支付方式与价格确定后,随工程变更实施列入月工程款支付。

(3)如果工程变更的发生,是由于工程施工单位的合同责任与风险所导致,则为执行工程变更所发生的费用与工期延误的合同责任由工程施工单位承担。

(4)因工程变更导致合同索赔的,按工程承建合同文件规定和"合同索赔监理工作规程"有关要求进行。

工程变更发生的费用由施工单位填报"工程变更申请报告单""额外工程月计量申报表""单价分析表""合同外工程项目单价申报表"及编制说明,监理工程师审核后,总监理工程师签认报项目法人。

## 二、违约事件的处理程序和监理工作方法

监理机构对可能要发生的违约,及时通知有关各方,防止或减少违约的发生,已经发生的违约,项目总监理工程师要以事实为依据,以合同约定为标准公正处理;监理工程师在听取各方意见的基础上,确定处理违约方案。

### (一)项目法人违约的确认

按合同约定,项目法人有下列情况时,总监理工程师可确认其违约:

(1)不按合同约定改行自己的义务。

(2)未按合同约定条款,向施工单位进行工程价款支付。

(3)发生合同无法履行的行为。

### (二)施工单位违约的确认

按合同约定,施工单位有以下事实时,总监理工程师可确认其违约:

(1)不能按合同工期开、竣工。

(2)工程质量达不到设计、技术标准和合同约定的质量标准。

(3)发生合同无法履行的行为。

### (三)违约事件的处理

(1)受损失方向总监理工程师提出申诉。

(2)监理工程师对违约事项进行调查、分析,提出处理方案,报项目总监理工程师审核。

(3)在与双方当事人协商一致的基础上,项目总监理工程师签发"监理通知"。

### (四)索赔的处理程序和监理工作方法

索赔管理的主要工作:对可能导致索赔发生的因素,要有充分的预测,提出控制要点和措施,加强管理,防止索赔发生;对发生的索赔要及时采取措施,尽可能降低损失及影响;审核索赔报告,协调双方矛盾,参与索赔处理;项目总监理工程师根据审核结果,经与索赔双方协商后,签发"施工单位索赔签证单"或"项目法人索赔签证单"。

### (五)分包管理的监理工作内容

本工程监理工作无分包项。

### (六)担保及保险的监理工作

#### 1.工程担保

监理机构根据施工合同约定,督促施工单位各类担保,并审核施工单位提交的担保证件;在签发工程预付款付款证书前,监理机构依据有关法律、法规及施工合同的约定,审核

工程预付款担保的有效性；监理机构定期向项目法人报告工程预付款扣回的情况。当工程预付款已全部扣回时，督促项目法人在约定的时间内退还工程预付款担保证件；在施工过程中和保修期，监理机构督促施工单位全面履行施工合同约定的义务。当施工单位违约，项目法人要求保证人履行担保义务时，监理机构协助项目法人按要求及时向保证人提供全面、准确的书面文件证明资料；监理机构在签发保修责任终止证书后，督促项目法人在施工合同约定的时间内退还履约担保证件。

2.工程保险

监理机构督促施工单位按施工合同约定的险种办理由施工单位投保的保险，并要求施工单位在向项目法人提交各项保险单副本的同时抄报监理机构；监理机构对应按施工合同约定对施工单位投保的保险种类、保险额度、保险有效期等进行检查；当监理机构确认施工单位未按施工合同约定办理保险时，采取下列措施：指示施工单位尽快补办保险手续。当施工单位拒绝办理保险时，协助项目法人代为办理保险，并从支付给施工单位的金额中扣除相应的投保费用；当施工单位已按施工合同约定办理了保险，其为履行合同义务所遭受的损失不能从承保人处获得足额赔偿时，监理机构在接到施工单位申请后，依据施工合同约定界定风险与责任，确认责任，合理划分合同双方分担保险赔偿不足部分费用的比例。

# 第七节 协 调

## 一、协调工作的主要内容

### （一）内部的协调

1.项目监理机构内部人际关系的协调

项目监理机构是由人组成的工作体系，工作效率很大程度上取决于人际关系的协调程度，总监理工程师首先要抓好人际关系的协调，激励项目监理机构成员。

（1）在人员安排上要量才录用。对项目监理机构的各种人员，要根据每个人的专长进行安排，做到人尽其才。人员的搭配注意能力互补和性格互补，人员配置尽可能少而精，防止力不胜任和忙闲不均现象。

（2）在工作委任上要职责分明。对项目监理机构内的每一个岗位，都订立明确的目标和岗位责任制，通过职能清理，使管理不重不漏，做到事事有人管，人人有专责，同时明确岗位职权。

2.项目监理机构内部组织关系的协调

项目监理机构内部组织关系的协调可从以下几方面进行：

（1）在职能划分的基础上设置组织机构，根据工程对象及委托监理合同所规定的工作内容，确定职能划分，并相应设置配套的组织机构。

（2）明确规定每个部门的目标、职责和权限，最好以规章制度的形式做出明文规定。

（3）事先约定各个部门在工作中的相互关系。

（4）建立信息沟通制度，如采用工作例会、业务碰头会、发会议纪要、工作流程图或信息传递卡等方式来沟通信息，这样可使局部了解全局，服从并适应全局需要。

（5）及时消除工作中的矛盾或冲突。

3.项目监理机构内部需求关系的协调

需求关系的协调可从以下环节进行：

（1）对监理设备、材料的平衡。建设工程监理开始时，要做好建立规划和建立实施细则的编写工作，提出合理的监理资源配置，要注意抓住期限上的及时性、规格上的明确性、数量上的准确性、质量上的规定性。

（2）对监理人员的平衡。要抓住调度环节，注意各专业监理工程师的配合。

**（二）与项目法人的协调**

监理实践证明，监理目标的顺利实现和与项目法人协调的好坏有很大的关系。

监理工程师从以下几方面加强与项目法人的协调：

（1）监理工程师首先要理解建设工程总目标、理解项目法人的意图。

（2）利用工作之便做好监理宣传工作，增进项目法人对监理工作的理解，特别是对建设工程管理各方职责及监理程序的理解；主动帮助项目法人处理建设工程中的事务性工作，以自己规范化、标准化、制度化的工作去影响和促进双方工作的协调一致。

（3）尊重项目法人，让项目法人一起投入建设工程全过程。

**（三）与施工单位的协调**

（1）坚持原则，实事求是，严格按规范、规程办事，讲究科学态度。

（2）施工阶段的协调工作内容。

施工阶段与施工单位的协调主要通过召开监理例会、专题会协调以下内容：

①与施工单位项目经理关系的协调。

②进度问题的协调。

③质量问题的协调。

④对施工单位违约行为的处理。

⑤合同争议的协调。

⑥处理好人际关系。

**（四）与设计单位的协调**

监理单位必须协调与设计单位的工作，以加快工程进度，确保质量，降低消耗。

（1）真诚尊重设计单位的意见。

（2）施工中发现设计问题，及时向设计单位提出，以免造成大的直接损失。

（3）注意信息传递的及时性和程序性。

**（五）与政府部门及其他单位的协调**

1.与政府部门的协调

（1）工程质量监督站是由政府授权的工程质量监督的实施机构，对委托监理的工程，工程质量监督站主要是核查勘察设计、施工单位的资质和工程质量检查。监理单位在进行工程质量控制和质量问题处理时，要做好与工程质量监督站的交流和协调。

（2）对于重大质量事故，在施工单位采取急救、补救措施的同时，敦促施工单位立即向政府有关部门报告情况，接受检查和处理。

（3）建设工程合同报政府建设管理部门备案；征地、拆迁、移民要争取政府有关部门支持和协作;要敦促施工单位在施工中注意防止环境污染,坚持做到文明施工。

2.协调与社会团体的关系

协助项目法人协调与社会团体的关系。

**(六)监理与质量监督站的协调**

质量监督站是属政府行为在工程现场工作的,同时对监理也进行监督、管理。由于质量监督站与监理在工程质量目标一致,双方相互支持。但工作性质和职责不一致,会发生需要事先协调工作,如验收标准、评定范围、工程报告等问题,必须事前协商,产生共识,协调一致,共同工作。

**(七)现场各单位之间的协调**

参与工程各单位之间一般没有合同关系,在有限时间、有限空间工作必然发生工作矛盾,如工序交叉、时间交叉、场地交叉等,监理要进行协调。在施工期间,施工单位之间、各施工阶段、各专业施工之间、各工序之间均可能发生矛盾、干扰、纠纷,必须进行及时、有效地协调,以确保有一个良好的施工环境。

**(八)技术分析协调**

由于对合同、技术规定、规程、技术结果判断的理解不一致而发生的分歧,监理以熟练的知识进行分析,抓住关键,以耐心、诚心、科学的态度进行协调,无效时,可报请工程质量监督站仲裁。定期召开各单位主要技术负责人会议,对工程中出现的重大问题,及时进行商讨,取得共识,以指导工程建设。

**(九)现场与外界协调**

监理工程师要经常深入现场,了解各工作面的进展情况、存在的问题,定期(周或旬)召开协调会议,向项目法人、设计和施工单位通报工程的形象进度,指出应该注意的事项,协调统一各单位的质量、进度、安全、环保等意识,齐心协力搞好工程建设。同时,请项目法人或协助项目法人解决在施工中与外界环境所发生的矛盾,解决与其他施工单位之间所发生的矛盾,以及施工单位出现的财力、物资困难,为施工单位创造良好的外部环境。

**(十)材料设备协调**

及时对供货单位与各施工单位之间供需矛盾进行协调、调整,以保证材料按质、按时到场。

## 二、协调工作的原则与方法

**(一)协调工作原则**

本监理机构坚持科学性、公正性和廉洁性,在与第三方交往中始终注意维护项目法人的合法利益,维护国家利益,以及建设各方的合法利益。坚持规范标准与实事求是相结合。在协调处理施工中的技术问题时,既要坚持按规范办事,又要实事求是。在不违背规范标准的前提下,允许施工单位根据实际情况采取一些切实可行的措施进行工作。

**(二)组织协调方法**

(1)施工中一旦发生矛盾、干扰或者质量技术、合同管理等方面问题和纠纷,监理机构立即进行协调处理,使工程顺利进行,不允许扯皮、推诿、搪塞责任。

(2)为使监理人能有效地协调处理施工中的问题,与项目法人和施工单位保持畅通和良好的工作关系,需定期召开协调会议。

(3)监理机构及时把工程情况及工程师决定向项目法人通报,重大问题决策前充分征求项目法人的意见,以争取项目法人支持。

(4)监理机构尊重施工单位,不干预施工单位的内部事务和安排,不直接指挥施工人员施工,如认为施工单位安排不妥,需与施工单位项目经理进行建议性讨论。

(5)监理机构要秉公办事,行为公正,当做出决定、指令不当时,则及时向项目法人和施工单位说明情况,并加以改正。

(6)协调各方关系的措施

①协助项目法人定期或不定期召开协调会。

②组织召开设计交底会、设计变更、质量事故及索赔等重大事情的专题研究会。

③协助项目法人做好日常建设过程中的建设各方关系的协调工作。

④明确项目法人、施工单位、监理人的义务职责,具体职责如下:

A.项目法人义务

a.向施工单位提供施工现场的水文、地质及地质水文资料,组织现场查勘。

b.向施工单位提供施工及工程占地及道路等。

c.向施工单位提供测量基准点、线等。

d.按规定向施工单位支付工程款。

e.对由于自身原因造成的索赔等承担损失。

f.做好对外(土地、林业、交通、公安、财政等部门)的协调工作。

B.施工单位义务

a.按合同文件和施工规程、规范要求提供设备、材料和劳动力等。

b.按合同规定和监理指示,绘制施工详图。

c.按合同规定和技术要求,按期提供合格产品。

d.遵守工程师的指令。

e.完建后,做缺陷责任期的工作。

f.合同要求的其他工作。

C.监理人职责

a.为项目法人提供技术咨询和决策依据。

b.督促施工单位和项目法人执行合同。

c.维护项目法人的利益和施工单位的权益,合理下达监理指令。

d.处理合同的其他问题,避免出现合同争端。

# 第八节　　工程质量评定与验收监理工作

## 一、工程质量评定

### (一)单元工程质量评定标准

(1)单元工程质量等级标准按《水利水电工程施工质量验收评定表》执行。

(2)单元工程(或工序)质量达不到《水利水电工程施工质量验收评定表》合格规定时,必须及时处理。其质量等级按下列规定确定:其中全部返工重做的,可重新评定质量等级;经加固补强并经鉴定能达到设计要求,其质量只能评为合格;经鉴定达不到设计要求,但建设(监理)单位认为能基本满足安全和使用功能要求的,可不加固补强;或经加固补强后,改变外形尺寸或造成永久性缺陷的,经建设(监理)单位认为基本满足设计要求,其质量可按合格处理,但按规定进行质量缺陷备案。

**(二)分部工程质量评定标准**

1.合格标准

分部工程施工质量同时满足下列标准时,其质量评为合格:

(1)所含单元工程的质量全部合格。质量事故及质量缺陷已按要求处理,并经检验合格。

(2)原材料、中间产品及混凝土(砂浆)试件质量全部合格,金属结构及启闭机制造质量合格,机电产品质量合格。

2.优良标准

分部工程施工质量同时满足下列标准时,其质量评为优良:

(1)所含单元工程质量全部合格,其中70%以上达到优良等级,重要隐蔽单元工程和关键部位单元工程质量优良率达90%以上,且未发生过质量事故。

(2)中间产品质量全部合格,混凝土(砂浆)试件质量达到优良等级(当试件组数小于30时,试件质量合格)。原材料质量、金属结构及启闭机制造质量合格,机电产品质量合格。

**(三)单位工程质量评定标准**

1.合格标准

单位工程施工质量同时满足下列标准时,其质量评为合格:

(1)所含分部工程质量全部合格。

(2)质量事故已按要求进行处理。

(3)工程外观质量得分率达到70%以上。

(4)单位工程施工质量检验与评定资料基本齐全。

(5)工程施工期及试运行期,单位工程观测资料分析结果符合国家和行业技术标准以及合同约定的标准要求。

2.优良标准

单位工程施工质量同时满足下列标准时,其质量评为优良:

(1)所含分部工程质量全部合格,其中70%以上达到优良等级,主要分部工程质量全部优良,且施工中未发生过较大质量事故。

(2)质量事故已按要求进行处理。

(3)外观质量得分率达到85%以上。

(4)单位工程施工质量检验与评定资料齐全。

(5)工程施工期及试运行期,单位工程观测资料分析结果符合国家和行业技术标准及合同约定的标准要求。

**(四)工程项目质量评定标准**

1.合格标准

工程项目施工质量同时满足下列标准时,其质量评为合格:

(1)单位工程质量全部合格。

(2)工程施工期及试运行期,各单位工程观测资料分析结果均符合国家和行业技术标准以及合同约定的标准要求。

2.优良标准

工程项目施工质量同时满足下列标准时,其质量评为优良:

(1)单位工程质量全部合格,其中70%以上单位工程质量达到优良等级,且主要单位工程质量全部优良。

(2)工程施工期及试运行期,各单位工程观测资料分析结果均符合国家和行业技术标准及合同约定的标准要求。

**(五)质量评定工作的组织与管理**

(1)单元(工序)工程质量在施工单位自评合格后,报监理单位复核,由监理工程师核定质量等级并签证认可。

(2)重要隐蔽单元工程及关键部位单元工程质量经施工单位自评合格、监理单位抽检后,由项目法人(或委托监理)、监理、设计、施工、工程运行管理(施工阶段已经有时)等单位组成联合小组,共同检查核定其质量等级并填写签证表,报工程质量监督机构核备。

(3)分部工程质量,在施工单位自评合格后,报监理单位复核,项目法人认定。分部工程验收的质量结论由项目法人报工程质量监督机构核备。大型枢纽工程主要建筑物的分部工程验收的质量结论由项目法人报工程质量监督机构核定。

(4)单位工程质量,在施工单位自评合格后,由监理单位复核,项目法人认定。单位工程验收的质量结论由项目法人报工程质量监督机构核定。

(5)工程项目质量,在单位工程质量评定合格后,由监理单位进行统计并评定工程项目质量等级,经项目法人认定后,报工程质量监督机构核定。

(6)阶段验收前,工程质量监督机构提交工程质量评价意见。

(7)工程质量监督机构按有关规定在工程竣工验收前提交工程质量监督报告,工程质量监督报告有工程质量是否合格的明确结论。

## 二、工程验收

工程施工完成后都要经过验收,工程验收工作分为分部工程验收、阶段验收、单位工程完工验收和单位工程投入使用验收、竣工验收(包括初步验收)。

工程验收的依据是:工程承建合同文件(包括其技术规范等);经项目法人或监理机构审核签发的设计文件(包括施工图纸、设计说明书、技术要求和设计变更文件等);国家或行业的现行设计、施工和验收规程、规范、工程质量检验和工程质量等级评定标准,以及工程建设管理法律等有关文件。

分部工程验收、阶段验收、单位工程完工验收和单位工程投入使用验收、竣工验收一般均以前阶段签证为基础,相互衔接、不重复进行。对已签证部分,除有特殊要求抽样复查外,一般也不再复验。监理工程师要在各阶段的验收中协助项目法人做好准备工作。

**(一)分部工程验收**

分部工程验收工作组由监理单位主持,由设计、施工、运行管理单位有关专业技术人员组成,每个单位以不超过2人为宜。验收成果为分部工程验收鉴定书;在施工单位提交验收申请后,监理机构组织检查分部完成情况并审核施工单位提交的分部验收资料并对资料存在的问题进行补充、修正;分部工程验收遗留问题处理情况有书面记录并有相关责任单位代表签字,书面记录随分部工程验收鉴定书一并归档。

**(二)单位工程验收**

单位工程验收由邯郸市借马庄泄洪闸重建工程建设处主持验收,验收委员会由监理、设计、施工、运行管理、质量监督等专业技术人员组成,每个单位以2~3人为宜。必须有质量监督机构的质量评定意见,所有分部工程必须全部合格;监理机构在验收前按规定提交和提供单位工程验收监理工作监理报告和相关资料;监理机构监督施工单位提交单位工程验收施工管理工作报告和相关资料并进行审核,指示施工单位对报告和资料中存在的问题进行补充、修正;监理机构接受施工单位报送的单位工程验收申请报告后,监理机构检查单位工程验收具备的条件,检查分部工程验收中提出的遗留问题的处理情况,通过预验预审后签署意见报告项目法人,并参加单位工程评定。

**(三)合同工程完工验收**

合同完工工程验收由邯郸市借马庄泄洪闸重建工程建设处主持验收,验收工作组由项目法人以及与合同工程有关的勘测、设计、监理、施工、主要设备制造(供应)商等单位的代表组成。

**(四)竣工验收**

竣工验收由竣工验收主持单位主持,验收委员会由验收主持单位确定。工程项目法人、建设、设计、施工、监理、运行管理单位作为被验收单位不参加竣工验收委员;监理机构作为被验收单位对验收委员会提出的问题做出解释。

# 第九节　缺陷责任期监理工作

## 一、缺陷责任期的监理内容

**(一)移交前的监理工作**

建筑物完建后未通过完工验收正式移交项目法人以前,监理机构督促施工单位负责管理和维护。对通过单位工程和阶段验收的工程项目,施工单位仍然具有维护、照管、保修等合同责任,直到完工验收,在合同工程项目通过工程完工验收后,及时通知、办理并签发工程项目移交证书。工程项目移交证书颁发之后,管理工程的责任由管理单位承担。

**(二)保修期的监理工作**

保修期和监理工作主要有:

(1)对尾工项目实施监理,并为此办理支付签证。

（2）监督施工单位对已完建设工程项目中所存在的施工质量缺陷进行处理。若该质量缺陷是由项目法人的使用或管理不当造成的，监理机构受理项目法人提出的追加费用支付申请。在项目法人未能执行监理工程师的指示或未能在合理时间内完成工作时，监理机构可建议项目法人雇用他人完成质量缺陷修复工作，并协助处理因此项目工作所发生的费用。

（3）协助项目法人检查验收尾工项目，督促施工单位按施工合同约定的时间和内容向项目法人移交整编好的工程资料。

（4）签发工程款最终支付凭证。

（5）签发工程项目保修期终止证书。

（6）若保修期满后仍存在施工期施工质量缺陷未修复，监理机构继续指示项目法人完成修复工作，并待修复工作完成且经检验合格后，再颁发项目工程保修期终止证书。

（7）保修期间监理机构适时予以调整，除保留必要的人员和设施外，其他人员和设施可撤离，或将设施移交项目法人。

（8）监理机构完成全部监理合同内容后，提请项目法人出具《工程业绩证明材料》。

## 二、缺陷责任期的监理措施

（1）按施工合同约定，在工程移交证书中注明保修期的起算日期。

（2）若保修期满后仍存在施工期的施工质量缺陷未修复或有施工合同约定的其他事项，监理机构在征得项目法人同意后，做出相关的工程项目保修期延长的决定。

（3）保修期或保修期延长期满，施工单位提出保修期终止申请后，监理机构在检查施工单位已经按照施工合同约定完成全部工作，且经检验合格后，及时办理工程项目保修期终止事宜。

# 第十节　信息管理

## 一、信息管理程序、制度及人员岗位职责

### （一）信息管理程序

（1）及时准确收集并详细记录工地与工程建设有关的各类信息，定期向项目法人报告工地有关进度、质量、费用等情况，重大或重要的事情随时向项目法人报告。

（2）按时提交旬报、月报、年报（包括进度分析、质量控制、投资分析等内容），以及各类专题报告、会议纪要、年度总结和最终监理报告。

（3）及时向项目法人抄送监理人与施工单位之间的来往文函。

（4）做好有关工程资料和文件的汇总管理工作，随时接受项目法人及政府有关质检机构的监督和检查。竣工后将经过整理的全部档案资料移交项目法人。

（5）对施工单位未按合同规定按时提交资料、报表、报告、图纸、文件等，将及时催要甚至发出警示性指令。

（6）文件传送与处理程序。

①收文程序。

a.凡外来文件,监理信息管理员统一编号进行收文登记,按照文件密级及时限要求,及时填写处理单,连同文件一并交总监理工程师阅批,重要的或有合同时限规定的监理文件在送达签收时,注明签收人、签收日期和签收时间。

b.信息管理员根据总监理工程师批示意见,将文件转交有关部门办理。文件办理的时限按照合同及有关细则、办法、条例的规定限期办理完毕,并编号登记、复制和存档。

②发文程序。

a.文件的生产程序一般分为拟文、核稿、审查(会签)、签发、文印、送发等6道基本程序。

b.凡以监理机构名义发出的文件,由总监理工程师批准签发。

c.信息管理员对发文进行复制、编号登记,并对有密级及时限要求的文件进行标注后登记发送,并收回发文回执。

③会议纪要。

a.在每次由监理机构主持的生产协调会议或其他会议前,监理机构提前编写好会议议程。

b.在每次会议后,监理机构及时整理会议纪要,登记归档管理。

④文件的归档。

a.凡已办理完毕的来文及由监理机构发送的文件,均由监理信息管理员回收、分类、编号、进行归档管理。

b.凡有保密要求的文件,必须按"保密法"有关规定归档保管。

**(二)信息管理制度及人员岗位职责**

(1)信息管理人员守则。信息管理人员对于文件的收发和归档及时、准确,严格收发文件登记、建档、归档制度。

(2)有关监理人员及时记录监理日志,编写监理月报,以及监理过程中发生的各类通知、指令、信息、文件、会议纪要、技术资料、图纸等资料,履行文档管理的登记、归档手续,不得随意拖延,甚至丢失。

(3)各级监理人员查阅资料必须严格履行借阅手续,用完后及时归还。

(4)各级监理人员不得将资料随意借阅他人,对"密级"资料要严守机密。

## 二、监理文件

监理文件符合下列规定:

(1)按规定程序起草、打印、校核、签发监理文件。

(2)表述正确、数字明确、简明扼要、用语规范、引用依据恰当。

(3)按规定格式编写监理文件,紧急文件注明"急件"字样,有保密要求的文件注明密级。

## 三、通知与联络

通知与联络符合下列规定:

(1)监理机构与项目法人和施工单位以及其他人的联络以书面文件为准。特殊情况下可先口头或电话通知,但事后按施工合同约定及时予以书面确认。

(2)监理机构发出的书面文件,加盖公章,总监理工程师或其授权的监理工程师签字并加盖本人注册印鉴。

(3)监理机构发出的文件要做好签发记录,并根据文件类别和规定的发送程序,送达对方指定的联系人,并由收件方指定的联系人签收。

(4)对所有来往文件均按施工合同约定的期限及时发出和答复,不得扣压或拖延,也不得拒收。

(5)收到政府有关管理部门和项目法人、施工单位的文件,均按规定程序办理签收、送阅、收回和归档等手续。

(6)在监理合同约定期限内,项目法人就监理机构书面提交并要求其做出决定的事宜予以书面答复;若超过期限,监理机构未收到项目法人的书面答复,则视为项目法人同意。

(7)对于施工单位提出要求确认的事宜,监理机构在约定时间内做出书面答复,逾期未答复的,则视为监理机构认可。

## 四、文件的传递

文件的传递符合下列规定:

(1)施工单位向项目法人报送的文件均报送监理机构,经监理机构审核后转报项目法人。

(2)项目法人关于工程施工中与施工单位有关事宜的决定,均通过监理机构通知施工单位。

(3)所有来往的文件,除书面文件外,还宜同时发送电子文档。

(4)不符合文件报送程序规定的文件,均视为无效文件。

## 五、监理日志、报告与会议纪要

监理日志、报告与会议纪要符合下列规定:

(1)及时认真地按照规定格式与内容填写好监理日志。总监理工程师定期检查。

(2)在每月的固定时间向项目法人、监理单位报送监理月报。

(3)根据工程进展情况和现场施工情况,向项目法人、监理单位报送监理专题报告。

(4)按照有关规定,在各类工程验收时,提交相应的验收监理工作报告。

(5)在监理服务期满后,向项目法人、监理单位提交项目监理工作总结。

(6)对各类监理会议安排专人负责做好记录和会议纪要的编写工作。会议纪要分发给与会各方,但不作为实施的依据。监理机构及与会各方根据会议决定的各项事宜,另行发布监理指示或履行相应文件程序。

## 六、档案资料管理

档案资料管理符合下列规定:

(1)督促施工单位按有关规定和施工合同约定做好工程资料档案的管理工作。

（2）按有关规定及监理合同约定，做好监理资料档案的管理工作。凡要求立卷归档的资料，按照规定及时归档。

（3）监理资料档案妥善保管。

（4）在监理服务期满后，对应由监理机构负责归档的工程资料档案逐项清点、整编、登记造册，向项目法人移交。

（5）文档清单、编码及格式。

①文件编制。

a.监理表格文件和外部监理协调文件均为非红头文件，其文号按下例编制：

备忘录文件文号编为"监理〔2016〕备号"，指令文件采用"监理〔2016〕指号"，警告通知采用"监理〔2016〕警告号"。

b.红头文件文号按下例编制：

"邯亿润字〔2016〕×号"。

②文件格式。

a.文件标题应当准确简要地概括文件属性与主要内容。

b.正文内容要条理清楚、层次分明、数据准确、简明扼要、用语规范。必须引用文函的，先引标题，后引文函号。必须注明日期的，写具体的年、月、日。

c.文件中的数字，除成文时间、层次序数、惯用语、缩略语及具有修辞色彩语句中作为词素的数字使用汉字外，其他情况使用阿拉伯数字。

d.需采用主题词的，按国家或国家部门发布的公文文件主题词规范选用或编写。

e.主送、抄送等单位用全称或规范化简称，以示尊重。其中主送单位是指送达文件的受理单位；抄送单位是指送达以供其了解文件内容的监理机构的上级机关、项目法人、监理同级机构或无监理与被监理关系的单位与机构；发送单位是指送达以供其使用的监理机构下级机构和受监理单位。

③成文日期。成文日期为文件形成时间，通常情况下以签发时间为准。必须另行报经批准的，以批准签署时间为准。

（6）计算机辅助信息管理系统。所有工程文档资料，监理机构将按照不同类别输入计算机系统，以便于资料的查找和有关数据的统计。

（7）文件资料预立卷和归档管理。

文件资料归档系统按以下有关格式或规定建立：

①监理机构监理表详见《水利水电工程施工监理规范》（SL 288—2014）。

②工程质量评定用表详见《水利水电工程单元工程施工质量验收评定标准》。

③当地有关文件。

# 第三章　施工实施阶段的监理工作

## 第一节　监理工作目标及机构设置

### 一、监理工作总目标

按照"严格监理、优质服务"的指导思想和"实事求是"的原则以独立的第三方秉公办事,一丝不苟与施工单位、项目法人及设计单位共同努力,力争工程工期、工程投资满足合同文件的要求,确保工程质量合格。

**(一)质量控制目标**

满足设计及规范要求,保证工程质量合格。

**(二)进度控制目标**

按照工程进度要求目标控制,积极协调、调整,以现实总工期目标。本工程合同工期为2016年11月1日至2017年6月31日。

实际工期为:2016年11月1日至2019年6月8日。

**(三)投资控制目标**

2016年7月15日,河北省发展和改革委员会、河北省水利厅以冀发改投资〔2016〕941号下达河北省中小河流治理等水利工程2016年中央预算内投资计划。

**(四)安全文明生产控制目标**

在施工中全面贯彻"安全第一"的安全方针,确保施工安全。要求施工项目部建立以项目经理为安全第一责任人的安全生产领导机构,健全安全管理系统。制定安全防护规程,定期召开安全会议进行安全教育,劝阻非施工人员进入工地。

监理部定期对存在安全隐患部位进行检查,发现问题要求施工单位立即整改,杜绝安全事故发生;要求施工机械实行专人使用,定期维修保养,杜绝机械安全事故的发生。在较危险的地方树立警示牌,防止工程事故的发生。

杜绝重大事故,无重大伤亡事故,创文明施工工地。

**(五)环境保护控制目标**

施工中科学、合理地组织施工,使施工现场保持良好的施工环境和施工秩序,在施工中体现项目的综合管理水平,体现出良好的精神面貌。保证施工现场道路畅通、整洁,堆物有序并苫盖,防止灰尘飞扬。注重生态保护,保持良好的施工环境。

### 二、项目监理部机构、人员配备

**(一)项目监理部机构**

邯郸市亿润工程咨询有限公司成立借马庄泄洪闸重建工程监理部,派驻施工现场监理人员6名。监理部实行总监理工程师负责制。总监理工程师对项目法人负责,监理机构成员对总监理工程师负责,在总监理工程师的领导下,实现工程项目各项监理目标。

**(二)监理工作制度**

监理部按照合同规定,制定了监理守则、监理人员工作规章制度、总监理工程师的职责、监理工程师职责、监理员职责、监理组织机构模式框图、质量控制体系、安全控制体系、工序或单元质量控制监理程序、质量评定监理工作程序、进度控制监理工作程序、工程款支付监理工作程序、变更监理工作程序。建立了设计文件图纸和技术交底审查制度、施工组织设计审查制度、开工报告审批制度、工程材料及半成品质量检验制度、隐蔽工程检查制度、工程质量监理制度、工程质量事故处理制度、施工进度监督及报告制度、投资监督制度、工程竣工验收制度等监理工作制度。

**(三)监理工作方法及检测措施**

根据监理合同项目法人赋予的权利、义务和施工合同的规定,对工程施工实施全面管理、全过程监督、全环节检查;对隐蔽工程、重要工程部位和重要工序,实行旁站监理。按照规定的工作程序和"先审查后实施、先验收后施工(下道工序)"的原则,"严格监理、优质服务"。监督和帮助施工单位,依据施工合同的要求、规程规范的规定和审定的施工组织设计及工艺流程,有计划、有组织、有序地施工,进行跟踪管理,促使工程施工的质量、进度、投资三大目标全面实现。

对工程质量、进度、投资控制的主要措施包括组织措施、经济措施、技术措施及合同措施。

对于原材料及半成品的预先鉴定,各种标准、集料级配、混合料配比等的标准试验,工程内在品质的抽样试验和验收试验等,现场监理指令施工单位并参与按规定的频率和方法取样,送到指定的有资质的试验单位检试,对取样、送检和试验进行全过程见证控制。

在每个单元工程(或工序)完成后,由施工单位提供"三检"表,监理到场进行抽检,根据抽检的各种数据和设计及施工技术规范要求衡量施工单位的"三检"质量评定是否准确、规范,而后给予该单元工程(或工序)质量认定。

监理使用的检测仪器主要有经纬仪、水准仪、靠尺及回弹仪等。

原材料及中间产品检验:

(1)施工单位要对进场材料和中间产品按要求进行复检和试验,这种检验的取样,是监理在场的见证取样。

(2)在施工单位进行的复检和试验的基础上,监理进行取样抽检。

# 第二节　安全与质量施工监理工作要点

## 一、安全生产监督管理目标

创建"安全文明工程"无人身伤亡事故;无重大机械、设备损坏事故;无重大交通事故;无重大火灾、洪灾事故;杜绝重伤事故;杜绝重复发生相同性质的事故。

监理部对安全施工监督管理所承担的职责为:协助项目法人对施工单位安全资质、安全保证体系、安全施工技术措施、安全操作规程、安全度汛措施等进行审批,并监督检查实施情况;负责施工现场的安全生产监督管理工作,参与协调和处理施工过程中急需解决的安全问题,并监督施工单位落实必要的安全施工技术措施;当施工单位安全生产严重失控时,下令进行停工整改;协助对各类安全事故的调查处理工作,定期向项目法人报告安全生产情况。

## 二、监理安全生产监督保证体系

### (一)工程安全生产监督保证体系

(1)总监理工程师参加永年县借马庄泄洪闸重建工程安全生产委员会,这是安全管理的高层机构,由参建各方和有关部门的主要领导组成,负责安全生产工作的领导、监督与协调。

(2)在监理部内部建立以总监理工程师为第一责任人、各部部长分管一块、专职监理工程师及兼职监理工程师参加的三级安全生产监督管理体系,实行全方位、全过程的安全监督管理机制。

### (二)安全生产监督管理措施

(1)贯彻执行"安全第一,预防为主"的方针,监督施工单位认真执行国家现行有关安全生产的法律、法规、建设行政主管部门有关安全生产的规章和标准。

(2)督促施工单位落实安全生产组织保证体系,建立健全安全生产责任制。

(3)审查施工方案及安全技术措施。

(4)督促施工单位对施工人员进行安全生产教育及分部、分项工程的安全技术交底。

(5)检查并督促施工单位按照建筑施工安全技术标准和规范要求,落实分部、分项工程或各工序、关键部位的安全防护措施。

(6)督促检查施工单位现场的消防工作、冬季防寒、夏季防暑、文明施工、卫生防疫等项工作。

(7)不定期的组织安全综合检查,提出处理意见并限期整改。

(8)发现违章作业的要责令其停止作业,发现隐患要责令其停工整顿。

### (三)施工准备阶段的安全监理

1.安全生产文件

在工程开工前,施工单位向项目法人、监理单位上报以下有关安全生产的文件:

(1)安全资质及证明文件。

(2)安全生产保证体系。

(3)安全管理组织机构及安全专业人员配备。

(4)安全生产管理制度、安全检查制度,安全生产责任制。

(5)实施性安全施工组织设计,专项安全生产技术措施、安全度汛措施、安全操作规程。

(6)主要施工机械设备等技术性能及安全条件。

(7)特种作业人员资质证明。

(8)职工安全教育、培训记录、安全技术交底记录。

2.审查施工单位上报的有关文件

根据施工单位上报的有关文件,监理单位配合项目法人进行审查,经检查并具备以下条件后,才能开工:

(1)施工单位(含分包单位)安全资质符合有关法律、法规及工程施工合同的规定,并建立、健全施工安全保证体系。

(2)建立相应的安全生产组织管理机构,并配备各级安全管理人员,建立各项安全生产管理制度、安全生产责任制。

(3)编制实施性安全施工组织设计,编制并落实专项安全技术措施、安全度汛措施和防护措施。

(4)检查开工时所必须的施工机械、材料和主要人员是否到达现场,是否处于安全状态,施工现场的安全设施是否已经到位,避免不符合要求的安全设施和设备进入施工现场,造成人身伤亡事故。

(5)特种作业人员必须具备相应的资质及上岗证。

(6)对所有从事管理和生产的人员施工前进行全面的安全教育,重点对专职安全员、班组长和从事特殊作业的操作人员进行培训教育,加强职工安全意识。

(7)分部分项工程开工前严格执行安全技术交底制度。

(8)在施工开始之前,了解现场的施工环境、人为障碍等因素,以便掌握有关资料,及时提出防范措施。

(9)掌握新技术、新材料的施工工艺和技术标准,在施工前对作业人员进行相应的培训、教育。

3.施工阶段的安全监理

(1)施工过程中,施工单位贯彻执行"安全第一,预防为主"的方针,严格执行国家现行有关安全生产的法律、法规,建设行政主管部门有关安全生产的规章和标准。

(2)施工过程中确保安全保证体系正常运转,全面落实各项安全管理制度、安全生产责任制。

(3)全面落实各项安全生产技术措施及安全防护措施,认真执行各项安全技术操作规程,确保人员、机械设备及工程安全。

(4)认真执行安全检查制度,加强现场监督与检查,专职安全员每天进行巡视检查,安全监察部每旬进行一次全面检查,视工程情况在施工准备前、施工危险性大、季节性变化、节假日前后等组织专项检查,对检查中发现的问题,按照"三不放过"的原则制定整改措施,限期整改和验收。

(5)接受监理单位和项目法人的安全监督管理工作,积极配合监理单位和项目法人组织的安全检查活动。

(6)安全监理人员对施工现场及各工序安全情况进行跟踪监督、检查,发现违章作业及安全隐患要求施工单位及时进行整改。

(7)加强安全生产的日常管理工作,并于每月25日前将承包项目的安全生产情况以安全月报的形式报送监理单位和项目法人。

(8)按要求及时提交各阶段工程安全检查报告。

(9)组织或协助对安全事故的调查处理工作,按要求及时提交事故调查报告。

4.施工用电安全监督管理规定

1)总则

(1)为了贯彻"安全第一,预防为主"的安全生产方针,保障施工现场用电安全,防止触电事故发生,确保施工现场的安全生产,特制定本规定。

(2)本规定适用于工程项目现场施工用电安全监督管理。

(3)施工现场用电中的有关技术问题遵守现行的国家标准、规范或规程规定。

(4)现场监理工程师根据本规定的监督管理要求,检查、督促施工单位做好施工现场用电的安全管理工作。

2)施工用电安全监督管理要点

(1)用电的施工组织设计。

①施工项目用电设备在5台及5台以上或设备总容量在50 kW及50 kW以上者,编制相应的用电专项施工组织设计。用电设备在5台以下和设备总容量在50 kW以下者,制定安全用电技术措施和电气防火措施。用电施工组织设计的内容和步骤包括:现场勘察;确定电源进线、变电所、配电室、总配电箱、分配电箱等位置及线路走向;进行负荷计算;选择变压器容量、导线截面和电器的类型、规格;绘制电气平面图、立面图和接线系统图;制定安全用电技术措施和电气防火措施。用电工程图纸必须单独绘制,并作为用电施工的依据。用电施工组织设计必须由电气工程技术人员编制,技术负责人审核,经主管领导批准后实施。

②专业人员:安装、维修或拆除用电工程,必须由专职电工完成。电工必须持有效的特种作业人员安全操作证。电工等级同工程难易程度和技术复杂性相适应。各类用电人员做到:掌握安全用电基本知识和所用设备的性能;使用设备前必须按规定穿戴和配备好相适应的劳动防护用品和安全用具,并检查电气装置和保护设施是否完好,严禁设备带"病"运转;电工作业安全用具要定期检验,以保障使用性能可靠;停用的设备必须拉闸断电,锁好开关箱;负责保护所用设备的负荷线,保护零线和开关箱;发现问题,及时报告解决;搬迁或移动用电设备,必须经电工切断电源并做妥善处理后进行。

③安全技术档案。施工现场用电必须建立安全技术档案,其内容包括:用电施工组织设计和安全用电技术措施和电气防火措施的全部资料;修改用电施工组织设计及有关措施的资料;图纸会审和技术交底资料;用电工程检查验收表;电气设备的试验、检验凭单和测试记录;接地电阻测定记录表;定期检(复)查表;电工维修工作记录;有关的电工作业记录。安全技术档案由主管该现场的电气技术人员负责建立与管理,其中"电工维修工作记录"可指定电工代管,并于用电工程拆除后统一归档。用电工程的定期检查时间:施工现场每月不少于一次,值班电工的现场用电安全巡检每月一次。但每年不同季节来临前做有针对性的检查,例如:梅雨季节前、雷雨季节前、高温、严冬等季节前。检查情况记录要保持完好。检查工作按分部、分项工程和不同作业面进行。对不安全因素,必须及时处理,并履行复验手续。

④用电安全的基本规定。现场施工用临时线路一般架空,用固定瓷瓶绝缘。动力与照明线路要分开架设。在施工现场专用的中性点直接接地的电力线路中必须采用TIV–S

接零保护系统。施工现场所有用电设备,除做保护接零外,必须在设备负荷线的首端处设置漏电保护装置。配电系统设置室内总配电屏和室外分配电箱或设置室外总配电箱和分配电箱,实行三级配电两级保护。动力配电箱与照明配电箱宜分别设置,如合置在同一配电箱内,动力和照明线路分路设置。配电屏(盘)内装设有功、无功电度表,并分路装设电流、电压表。还装设短路、过负荷保护装置和漏电保护器。严格实行"一机、一闸、一漏、一箱"。施工现场用于电动建筑机械或手持电动工具的开关箱内,除装设过负荷、短路、漏电保护器外,还必须装隔离开关。开关箱均有门可锁、能防雨。现场变压器周边,必须设安全围栏,并有醒目的安全警示牌。配电室、动力配电箱、接线开关箱均有明显的安全警示标识。现场照明:照明专用回路加装漏电保护器;灯具金属外壳做接零保护;室内线路及灯具安装高度低于2 m时使用安全电压;潮湿作业场所、洞内、井下和手持照明灯必须使用安全电压;夜间施工时,作业场所和人员、车辆行走的道路、通道必须保障足够的照明。禁止通行或危险处设红灯警示。现场作业面使用的照明灯具、电动工器具(如振捣器、电焊机等)的电源线必须使用配备的电缆线,不得使用塑料线。闸具、熔断器参数与设备容器匹配,安装固定,符合要求。严禁使用其他金属丝代替熔丝。电气器材、物资、材料的采购和仓储:电气器材、物资、材料的采购必须符合国家规定的质量标准。严禁购买无生产许可证和产品合格证的物资。仓储人员加强对电气物资、器材的保管,防止受潮、污染、损坏。

3)事故报告

(1)施工用电发生事故时,施工单位必须严格按国家和工程局有关规定进行统计报告和处理。

(2)用电事故按其性质分为:设备事故和人身触电伤亡事故。用电设备事故由施工单位设备主管部门按设备管理有关规定处理。触电事故导致人员因工伤亡的按国家有关规定调查处理。

(3)发生人员触电事故后,施工单位、现场人员要积极组织抢救,尤其是对伤者进行人工呼吸,并立即通知(或送)工地医务室或附近医院进行救护。

(4)事故单位对事故发生的原因进行认真地调查、研究分析。事故原因涉及设计、安装、维修等部门时请有关部门共同参加事故调查,吸取教训,改进工作;造成严重后果的主要责任部门要承担责任。事故原因涉及运行管理方面时要追究领导和当事人责任。

**(四)工程质量控制原则**

(1)坚持质量第一的原则。

(2)坚持以人为控制核心的原则。

(3)坚持预防为主的原则。

(4)坚持质量标准的原则。

**(五)工程质量控制标准**

(1)合同工程实施过程中,国家或国家部门颁发新的技术标准替代了原技术标准,从新标准生效之日起,依据新标准执行。

(2)当合同文件规定的技术标准低于国家或国家部门颁发的强制性技术标准时,按国家或国家部门颁发的强制性技术标准执行。

(3)当国家或国家部门颁发的技术标准(包括推荐标准和强制性标准)低于合同文件

规定的技术标准时,按合同技术标准执行。

(4)监理部可以依照工程施工合同文件规定,在征得项目法人批准后,对工程质量控制所执行的合同技术标准与质量检验方法进行补充、修改与调整。

(5)当合同文件中有关质量约定不明确,按照合同条款内容不能确定,合同双方又不能通过协商达成协议的,按国家质量标准履行,没有国家质量标准的,按同行公议标准履行。监理公司将严格按照ISO9000系列质量标准,建立健全总监理工程师为第一责任人的质量保证体系,明确各级监理人员承担的质量终身责任制。在质量管理工作中结合工程实际,编制适合本工程的质量计划,严格按计划中的质量控制要求对项目施工质量进行监督控制,将质量责任层层落实到个人,做到全员、全方位、全过程的有效控制,确保工程质量达到规定要求。将质量隐患消灭在萌芽状态,消灭一切质量事故,坚决杜绝由于质量事故引起的误工、返工、安全等造成的损失。质量目标为年度实施的监理项目投诉率低于3%。

### 三、工程质量控制流程

工程质量控制流程如图3-1所示。

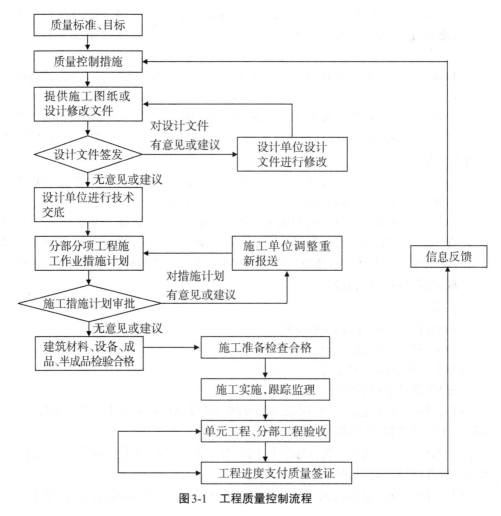

**图3-1　工程质量控制流程**

## (一)施工质量体系的检查与认可

### 1.施工单位的质量保证体系

施工单位按工程施工合同文件规定建立完整的质量保证体系。其质量目标是保证施工工程质量满足合同条款、技术规范及设计各项技术要求。

施工单位设立专门的工程质量管理组织和满足质量检测要求的质量检验机构。

### 2.施工单位的质量管理责任

(1)施工单位在合同工程项目开工前,按工程施工合同规定,完成质量管理组织、质量检测机构的组建,完成质量保证体系文件编制,完成施工质量检查员、施工质量检测作业人员的岗位培训和业务考核。

(2)施工单位的质量管理、质量检测机构及其人员按合同规定的程序、方法、检测内容与检查频率,将全部时间用于工程施工质量控制、检测、检查和质量记录的管理,并接受监理部的检查与监督。

(3)监理部对施工单位施工质量活动的审查、检查、认证与批准,并不能免除或减轻施工单位承担的合同责任。

### 3.质量保证的合同认证

施工单位的质量保证体系、管理组织、质量检验机构、施工测量机构、施工质量检查员和施工质量检测机构操作人员的资质,必须报经监理部审批或认可。

## (二)施工组织设计审批

施工单位按工程施工合同文件规定,在合同工程开工前完成合同工程的施工组织设计文件编制,并报送项目法人及监理单位批准[施工组织设计(方案)报审表]。

## (三)施工控制测量成果验收

施工单位按合同文件规定,复核项目法人提供的首级控制网测量资料,并完成施工测量控制网的布设。施工控制网或加密控制网布设的施测方案,必须事先报经监理部批准。监理部派出测量监理工程师对施测过程进行监督,或通过监理校测完成对控制测量成果的审查和验收。

## (四)进场材料的质量检验

施工单位必须对进场材料进行检查,确保进场材料满足工程开工及施工所必须的储存量,并符合规定的技术品质和质量标准要求。

## (五)进场施工设备的检查

进场施工设备满足工程开工及施工所必须的数量、规格、生产能力、完好率、适应性及设备配套要求。经监理部和项目法人检查不合格的施工设备,施工单位进行检修、维护或撤离工地更换。经查验合格的施工设备,为工程施工所专用。未征得监理部或项目法人同意,这些施工设备不得中途撤离工地。

## (六)监理工作程序

监理工作程序如图3-2所示。

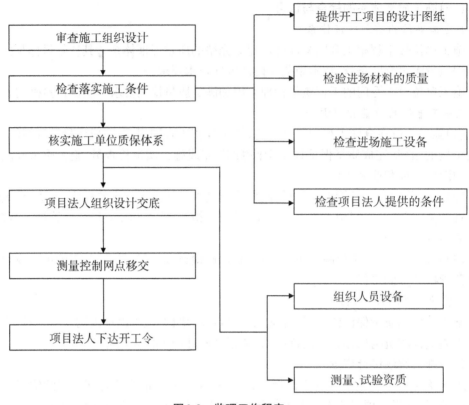

图3-2　监理工作程序

## 四、开工前质量控制

### (一)工程项目划分及开工申报

1.工程项目划分

项目划分由项目法人组织监理、设计及施工单位进行划分,并确定主要单位工程、主要分部工程、重要隐蔽单元工程和关键部位单元工程。

2.合同工程、单位工程、分部(分项)工程开工申报

合同(单位)工程开工前,施工单位向项目法人及监理单位上报施工组织设计、控制性施工进度计划、进场施工设备表、施工组织机构及人员配置等,经项目法人及监理单位审查并检查施工准备工作情况符合合同要求后,上报合同(单位)开工申请单,经总监理工程师同意后,由总监理工程师签发开工令。

分部(分项)工程开工前,施工单位必须按工程施工合同文件和相应项目的监理工作要点规定的程序与期限,编报详细的施工措施计划,填报施工措施报审表,经监理单位审查并检查施工准备工作情况符合要求后,上报分部(分项)工程开工申请单,经总监理工程师同意后,由总监理工程师签发开工批复。

(1)单元工程(工序)的开工申请。

①申请单元工程开工,施工单位依照工程施工合同文件规定和"监理细则"要求,向监

理申报单元工程开工(开仓)签证,并以此作为工程计量及支付申报的依据。

②下序单元工程的开工(开仓),由施工单位质检部门凭上序工程"施工质量终检合格证"和"单元工程质量评定表"向监理申办开工(开仓)签证,联检单元工程的开工或开仓,还需附"施工质量联合检验合格证"。凡需要进行地质编录或原始地形测绘的,在工程开工前,还必须同时具备该项工作完成的签证记录并报送相关资料。为有利于工程施工,对于开工准备就绪,并且工程开工不影响地质编录或测绘工作完成的,经施工单位申报,监理工程师在上序单元工程检验合格的同时,签发下序单元工程开工(开仓)签证。

(2)单元工程开工签证过程的责任。

①施工单位开工(开仓)申报后,因抽查或联检不合格、造成开工(开仓)延误以及由此所造成的损失,由施工单位承担合同责任。监理接到施工单位开工(开仓)申报后,无正当理由在规定时间(通常为24～48 h)内未进行抽检或组织完成联检验收的,施工单位质检部门可自行完成上述工作,并在认定质量检验合格后签发开工(开仓)证,报监理确认。

②若监理事后发出通知,坚持要求停工或挖开复检,施工单位应予执行。但是,若停工或挖开检验的结果表明工程质量符合要求,则由此所发生的费用计入合同支付。若停工或剥离检验的结果表明工程质量不符合要求,则由此引起的损失与合同责任由施工单位负责。

③凡列为"停止点"的控制对象,要求必须在规定的控制点到来之前通知监理对控制点实施监控。

**(二)设计文件的签发**

招标图纸不能作为工程实施的依据,施工单位按经项目法人签发的施工图纸与技术要求施工。

监理部做好每张施工图纸的审查,及时发现、纠正施工图纸中存在的图面缺陷和差错。如果施工图纸与招标图纸和合同技术条件存在重大偏离,会同项目法人召开专题协调会议予以审议、分析、研究和澄清。

施工过程中,监理部或施工单位可以根据现场地形、地质与施工条件变化提出优化设计建议,提交项目法人决策。

**(三)设计技术交底**

施工、监理单位在工程项目开工前,参加项目法人组织设计单位进行的设计技术交底会议,明确设计意图、技术标准和技术要求。

**(四)施工措施计划的批准**

工程项目开工前,施工单位依据工程施工合同文件规定和施工总进度计划安排,结合现场施工条件和设计图纸要求,完成申报开工项目施工措施计划的编制报送监理部,监理部协同项目法人审查后由项目法人批准。

对每项工程施工措施计划,监理部着重审查其施工方案、程序和工艺对工程质量的影响,并在通过审查和批准后督促施工单位落实和实施。

**(五)施工准备检查**

每项工程开工前,监理部配合项目法人检查施工单位的施工准备工作。施工准备检查的主要内容包括：

（1）必需的生产性试验已经完成，用于施工的各种参数已报经批准。

（2）设计或安装图纸、施工技术与作业规程规范、技术检验标准、施工措施计划等技术交底已进行。

（3）主要施工机械、设备配置，劳动组织与技工配备已经完成。

（4）开工所必需的材料、构件、工程设备到位，经检验合格并能满足计划施工时段连续施工的需要。

（5）施工辅助生产设备和施工养护、防护措施就绪。

（6）场地平整、交通道路、测量布网及其他临时设施满足开工要求。

（7）施工管理、施工安全、施工环境保护和质量保证措施落实。

**（六）发布合同（单位）、分部（分项）工程开工令**

施工准备工作查验合格或认定施工准备工作不影响工程施工进展后，由项目法人签发合同（单位）工程开工令、分部（分项）工程开工许可证，并在开工后对施工准备不足部分施工单位尽快完善。

## 五、施工过程质量控制

### （一）督促施工单位按章作业

施工单位严格遵守合同文件技术条款、施工技术规程、规范、工程质量标准、设计文件，按报经批准的施工措施计划中确定的施工工艺、措施和施工程序，按章作业、文明施工。

### （二）施工资源投入检查

监理部配合项目法人对施工单位检验、测量和承担技术工种作业人员的技术资质，以及施工过程中施工设备、材料等进行检查，以保证施工过程中人力、物力等施工资源投入满足工程质量控制要求。

### （三）监理工程师的现场监督

施工过程中，监理部以单元工程为基础、以工序控制为重点，进行全过程跟踪监督，为确保工程质量，监理单位有权按工程施工合同文件规定做出指示：

（1）对全部工程的所有部位及其任何一项工艺、材料和工程设备进行检查和检验，包括进入现场、制造加工地点察看，查阅施工记录，进行现场取样试验、工程复核测量和设备性能检测，并要求施工单位提供试验和检测成果。

（2）指示施工单位停止不正当的或可能对工程质量、安全造成损害的施工（包括试验、检测）工艺、措施、工序、作业方式，以及其他各种违章作业行为。

（3）指示施工单位停止不合格材料、设备、设施的安装与使用，并予以更换。

（4）指示施工单位对不合格工序采取补工或返工处理。

（5）对施工单位施工质量管理中严重失察、失职、玩忽职守、伪造记录和检测资料，或造成质量事故的责任人员予以警告、处罚、撤换，直至责令退场。

（6）指令多次严重违反作业规程，经指出后仍无明显改进的作业班、组、队停工整顿、撤换，直至责令退场。

(7)指示施工单位按合同要求对完建工程继续予以养护、维护、照管和进行缺陷修复。

(8)行使工程施工合同文件授予的其他指令权。

**(四)"三检制"(班组初检、工区质保部复检、联合体质保部终检)程序**

(1)每道工序完成后,由班组兼职质检员填写初检记录,班组长复核签字。一道工序由几个班组连续施工时,要作好班组交接记录,由完成该道工序的最后一个班组填写初检记录。

(2)由工区质保部的专职质检员,与施工技术人员一起进行复检工作,并填写复检意见。

(3)由联合体的专职质检员进行终检,终检合格后,按规定签发自检合格证。对多工序施工的单元工程,在上一道工序未经终检或终检不合格,不得进行下一道工序的施工。

**(五)单元工程质量检验与评定标准**

每一个单元工程完成后,由终检专职质检员会同有关人员进行检查验收,并评定(或暂评)质量等级。对质量有缺陷或质量不合格的单元工程,暂不评定质量等级,待修补处理后,重新检查,质量等级只能评为合格。单元工程施工质量检查、质量等级评定资料,按分部工程分类整理。

对无初检记录的单元工程,不得进行复检。对初检资料严重不全或失实的单元工程,不得评为优良。

**(六)隐蔽工程和关键部位的检查**

(1)基础开挖,碎石土回填,防渗、加固处理和排水工程等隐蔽工程,以及建设(监理)单位要求检验的关键部位(事先确定),其终检工作由施工单位技术负责人主持,特别重要的工程由施工单位技术负责人主持,组织专职质检员和有关人员参加,终检合格后,方可向监理部申请检查验收。

(2)隐蔽工程和关键部位的检查验收工作,由监理部主持,组织建设、设计、施工单位成立联合检查验收组进行工作。

(3)监理部接到施工单位申请验收报告后,在24 h内通知联合检查验收组进行检查验收,确认合格后,填写施工质量联合检验合格(开仓)证,严禁未经共同检验或检验不合格就签发合格(开仓)证。

(4)隐蔽工程联合检查验收时,地质人员和施工单位提供检查所需的施工地质测绘图和相应的地质资料。

(5)隐蔽工程和关键部位施工质量联合检验合格(开仓)证一式四份,报送监理部一份,三份留施工单位归档整理,供分部工程验收和阶段验收时使用。

**(七)重要部位工艺及外观检查**

施工单位对招标文件中规定的重要部位的工艺及外观质量制定专题施工措施,报监理审批同意,先在次要部位进行试验后,方可进行重要部位的施工。在施工过程中,监理要加强过程控制,确保外观质量。

**(八)有外观质量要求的部位检查**

对有外观质量要求的重要部位,把外观质量作为重要的检查内容和检测项目,并据此进行单元工程质量评定。单元工程外观质量不合格的必须进行处理,直至合格。

**(九)单元工程、分部工程、单位工程的外观检查**

根据单元工程、分部工程、单位工程的质量评定,对工程外观必须作出评价。

**(十)外观质量对质量等级评定的影响**

在质量等级评定中,外观质量不满足合同要求的工程,质量等级不能评为"优良工程"。

**(十一)工程质量缺陷处理**

因施工过程或工程养护、维护和照管等原因导致发生工程质量缺陷时,施工单位及时查明其范围和数量,分析产生的原因,提出缺陷修复和处理措施。

工程质量缺陷处理措施经监理部批准后方可进行。

**(十二)质量记录**

施工单位对施工中出现的质量问题、处理经过及遗留问题,进行详细记录。对于隐蔽工程详细记录施工和质量检查情况,必要时照相或取原状样品保存。

## 六、施工质量事故处理

**(一)施工质量事故**

由于施工、材料、设备安装等原因造成工程质量不符合技术规程规范和合同规定的质量标准,导致影响工程使用寿命和正常运行,因此需返工或采取补救措施的,均认定为工程施工质量事故。

工程质量事故按对工程的耐久性、可靠性和正常使用的影响程度,检查、处理事故对工期的影响时间长短和直接损失大小,分为一般质量事故、较大质量事故、重大质量事故、特大质量事故四类,小于一般事故的质量问题称为质量缺陷。

**(二)施工质量事故报告**

质量事故发生后,施工单位立即向项目法人单位和监理部报告,同时按隶属关系报上级主管部门。监理部督促施工单位按规定及时提出事故报告。

(1)事故发生后1 d内报告事故发生情况,7 d内报告事故发生详细情况(包括事故发生的时间、部位、经过、损失估计和事故原因初步判断等)。

(2)事故调查处理完成后,报告事故发生、调查、处理情况及处理结果。

(3)事故调查处理时间超过2个月的,逐月报告事故处理的进展情况。

**(三)质量事故记录**

施工单位对事故经过做好详细记录,并根据需要对事故现场进行摄像,为事故调查、处理提供依据。

**(四)紧急措施**

当质量事故危及施工安全,或不立即采取措施会使事态进一步扩大甚至危及工程安全时,施工单位立即停止施工,采取临时或紧急措施进行防护。与此同时,会同有关方研究并提出处理方案和措施,报项目法人批准后实施。

**(五)事故的调查与处理原则**

事故调查查清事故原因、主要责任单位、责任人,并遵循"三不放过"(事故原因不查清不放过、主要事故责任者和职工未受教育不放过、防范措施不落实不放过)的原则进行处理。

**(六)事故调查处理程序**

(1)质量事故发现后,施工单位立即向项目法人单位和监理部报告,当质量事故危及施工安全或不立即采取措施会使事态进一步扩大甚至危及工程安全时,施工单位立即停止施工,采取临时或紧急措施进行防护。

(2)监理人员及项目法人代表、设计人员尽快抵达现场,与施工单位有关人员共同进行初步调查,并安排必要的紧急处理措施。

(3)在初步查明质量事故的基础上,施工单位及时向监理部及项目法人单位报送事故初步调查报告。监理部根据自己的初步调查结果,在施工单位事故初步调查报告的基础上,向项目法人单位上报初步调查报告。

(4)参加由项目法人组织的施工单位、设计单位、监理单位四方协调会,评估事故性质,讨论并确定调查工作的安排。

(5)建设各方对事故进行全面深入的调查,在调查过程中,监理部督促为调查事故原因而开展的勘探取芯、物探和检测试验工作,调查完成后,由监理部或项目法人指定的单位完成事故调查报告,报送有关单位。

(6)根据事故调查结果,由项目法人组织事故原因分析、责任认定和事故处理方案等工作。

(7)施工单位根据事故处理方案制定事故处理措施及质保措施,经监理部和项目法人批准后实施,由监理部监督、检查质量事故处理过程,并进行必要的试验检测工作。

(8)质量事故处理完成后,施工单位及时向项目法人及监理部提交事故处理报告。

(9)由项目法人组织建设四方对质量事故处理进行验收。

(10)根据质量事故的责任,对施工单位报送的质量事故处理的经济问题进行处理。

## 七、设计文件、图纸审核监理工作要点

**(一)设计文件审核的依据**

(1)设计使用的规程、规范。

(2)国家颁布的有关技术规程、规范和标准。

(3)施工合同文件技术条款。

(4)已经审查批准的设计文件和设计委托合同书。

**(二)审核程序**

1.监理部审核设计文件和图纸

监理部收到项目法人批转的设计文件和图纸后,在14 d内完成审核工作,并将审核意见上报给项目法人单位。

2.施工单位提交图纸、文件

施工单位必须在单项工程实施前28 d内,提交按照合同规定由施工单位自行设计(合同规定的项目)的各工程项目的图纸、文件,报监理部,由监理部审核后报项目法人批准。

3.监理部设计文件审核流程

(1)监理部收到设计文件和图纸并进行登记后,送总监理工程师(或副总监理工程师)批阅。

（2）总监理工程师（副总监理工程师）阅批后送工程技术部（或施工监理部）审核。

（3）工程技术部（或施工监理部）安排专人对设计图纸逐项审核，并填写审阅记录单，提出审查结果和处理意见，经部门负责人审查签字后报送总监。

（4）总监理工程师（副总监理工程师）对工程技术部（或施工监理部）报送的审核结果进行复核并上报项目法人。

4.审核的主要内容

设计文件和图纸审核的主要内容是：

（1）施工详图与相应项目、部位招标图纸的差异，并进行工程量复核。

（2）开挖类图纸建筑物轮廓线及转角坐标与实际地形的符合程度。

（3）金结、机电图与埋件对应关系图及标识是否有误。

（4）图纸标注尺寸、高程、说明是否有误，可否作为施工依据。

（5）结构优化的具体建议。

5.其他

（1）无论监理工程师是否提出审核意见，其技术责任和存在问题不由监理单位单位负责。

（2）由总监理工程师签发的图纸，施工单位认真研究，领会设计意图和设计要求，按正常程序做好各项施工准备工作。如发现该设计文件图纸尚有某些遗漏、欠缺和问题，则施工单位在收到图纸或文件后14日内，以书面方式通知监理部。监理部复核后，报请项目法人单位批转设计做出修改和补充。

# 第三节　测量及原材料进场审核监理工作要点

## 一、测量监理人员分工及职责

（1）总监理工程师负责组织工程的施工测量监理。

（2）测量监理工程师是工程测量专业监理技术负责人，负责组织实施施工测量的监理，对测量的方案和现场实施进行控制，对测量的结果（报告及现场标识）进行审查，对不符合要求的测量方法和成果提出处理意见，负责测量成果的验收工作等。

（3）测量监理员协助测量监理工程师对测量工作进行监理，对测量现场的控制网（站）、测量成果标识（标桩、标点）等设施的保护和使用实施监理，参与有关成果的验收工作。

（4）测量监理工程师职责：

①在总监理工程师的主持下，参与编写建设项目监理规划。

②负责编制测量专业监理工作要点。

③负责测量监理的具体实施。

④组织、指导、检查和督促测量监理员的工作，当人员需要调整时，向总监理工程师提出报告。

⑤审查施工单位提交的涉及测量专业的计划、方案、申请、变更，并向总监理工程师提出报告。

⑥参与测量分项工程验收及隐蔽工程验收。

⑦定期向总监理工程师提交测量监理工作实施情况报告,遇重大问题及时向总监理工程师汇报和请示。

⑧做好测量专业监理日记。

⑨负责测量监理资料的收集、汇总及整理,参与编写监理月报。

⑩检查施工单位进场测量仪器及设备等检定情况,合格时予以签认。

⑪负责工程收方计量工作,审核工程计量的数据和原始凭证。

## 二、测量监理工作的流程

测量监理程序流程见图3-3。

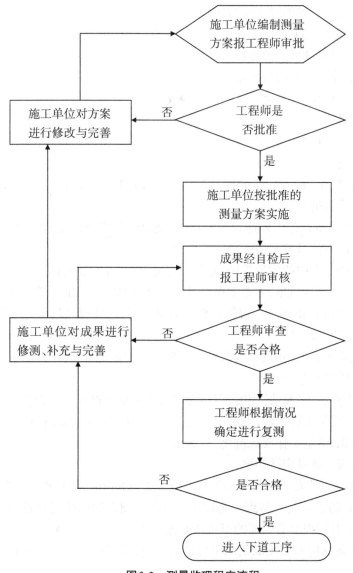

**图3-3 测量监理程序流程**

### 三、测量监理工作的控制要点及目标

#### (一)施工测量监理对质量控制的要点

(1)审核施工测量单位的资质、施工测量人员的素质、施工测量仪器设备的数量、质量及其检验情况。

(2)审核施工测量技术方案以及质量保证体系、安全保证措施。

(3)审查施工图纸(有关测量专业的),参与设计技术交底。

(4)施工测量控制网的校测、移交、复核(复核由施工测量人员进行)。

(5)施工测量放样重要点、线、面的检测、复核及数据处理核算。

(6)重点对施工标段之间衔接处加密控制网点和重要点线进行检测。

(7)重要工序、隐蔽工程测量旁站监理。

(8)审核并签署现场有关测量专业质量技术签证、文件、报表等。

(9)审核有关工程质量事故处理报告。

(10)参与单元、分项工程质量评定。

(11)参加隐蔽工程验收、项目竣工(完工)验收。

#### (二)测量监理目标

(1)确保施工按设计图纸要求准确就位,在工程中不产生由于施工控制测量、放样测量的误差而引起的设计变更。

(2)在整个工程施工过程中,杜绝重大测量质量事故的发生,各施工单位确保不因测量工作影响工程质量和进度。

(3)为确保工程的顺利施工并达到预期目的,确保以上监理目标的顺利实现,为此测量监理工作中采取以下质量控制措施:

①加强测量生产过程中的质量管理,必须制定完整可行的工序管理流程,明确各工序的质量责任,保证工序产品质量,上道工序产品不合格不允许进入下一道工序。强化作业现场管理,在关键工序点,重点工序设置必要的质量控制点,实施现场检查。作业时严格执行操作规程,做好质量记录。

②执行质量负责人制度,质量负责人对作业全过程实施质量监督,对测量产品质量负全责,并有权行使"质量一票否决权"。

③坚持"二级检查、一级验收"制度,严格过程检查和最终检查。对验收中不合格产品坚决返工,并及时对质量进行跟踪,做出质量记录,产品返工完成后要进行二次验收。

④树立规范意识,测量工作要规范化、标准化。

⑤建立完善的施工测量交接制度。

项目法人交付的测量成果(桩、点和资料),施工单位使用前必须进行复查,并采取切实有效的保护措施,防止控制点遭到人为破坏。其他各测点的原始记录各施测单位必须妥为保存,以备必要时监理对有问题的点及数据进行抽检。

⑥各种仪器设备的精度必须满足测量规范的要求,所使用的仪器必须有有效的检验合格证书。

### 四、测量监理工作的方法及措施

#### (一)施工准备阶段

(1)测量质量的好坏很大程度上取决于施工单位质保体系的完善程度,在施工准备阶段,测量监理的重点是对各施工单位的质保体系、测量多级复核制度的落实情况、测量技术人员、设备、施测方案的设计等方面进行重点监控,以确保监理总目标的实现。

(2)为确保本工程顺利进行,施工单位必须根据本项目的工程特点与实际情况,事先编制测量技术设计方案,其主要内容包括控制网的布设、仪器的选用、观测方法的确定、测量精度的分析预估、保证质量的方法及措施等方面。

(3)监理方法:

①审核施工单位测量质量管理、技术管理和质量保证的组织机构是否完善。

②审核施工单位测量质量管理、技术管理制度是否健全。

③审核施工单位测量技术负责人的技术资格条件是否具备。

④审核施工单位拟投入的测量仪器及设备是否满足本工程的需要。

⑤审核施工单位投入本工程的测量仪器及设备的检定情况。

⑥审核施工单位提交的测量技术方案是否达到了工程要求,并报项目法人审定与备案。

#### (二)施工控制测量

(1)地面控制测量工作主要包括复测项目法人移交的GPS控制点、精密导线点、精密水准点,布设为满足工程需要而加密的施工控制网,以及在此基础上进行的定线测量及专项调查与测绘。

(2)工程开工前,项目法人向相关施工单位和驻地监理工程师提供首级控制网点,各方签署交接桩文件纪要。施工单位接桩后,必须对首级控制网进行复测和对桩点进行保护,复测情况及保护措施报告须提交监理工程师审核批准。

(3)地面首级控制网检测无误后,施工单位根据检测的控制点再进行施工专用控制网的布设,以保证施工测量的顺利进行,施工控制网的布设分以下两个方面的内容:

①平面控制网的加密:

a.项目法人移交提供的首级控制点的密度与数量并不一定能满足施工的需要,为了施工的便利,施工单位根据现场实际情况布设施工加密控制网,以满足施工放样等测量工作的需要。

b.施工平面控制网的等级及技术要求根据设计文件及测量规范确定。

c.导线沿线路方向布设,并采用附合导线或多个结点的导线网形式。

d.精密导线测距边在进行严密平差前根据规范要求进行高程归化和高斯投影改化,在此基础上再进行严密平差,并按规定进行精度评定。

②施工高程控制网的加密

a.在对项目法人提供的首级高程控制点进行复核的同时,施工单位根据现场的实际情况,沿线路走向布设施工高程控制网。施工高程控制网布设成附合路线、闭合路线或结点网,高程控制点必须布设在沉降影响区域以外且能长久保存的地方。

b.施工过程中定期对控制网进行复测。

（4）监理方法。

①参与项目法人主持的对施工单位进行交接控制点的工作，并签署交接桩文件纪要。

②审核施工单位的首级控制点复测方案、作业过程及复测成果，检查施工单位对控制点的保护措施。

③审查施工单位的加密控制测量方案，跟踪施工单位的测量过程，根据施工单位外业观测记录计算复核控制测量测角、测距、高差测量精度，抽检控制点的测量数据，检查加密点的成果资料，并进行审定。

④审核施工单位提交的测量成果资料，并进行审定与复测。

**（三）施工测量放样**

（1）测量放样必须按设计图纸、文件、修改通知进行。

（2）测量放样方案根据有关标准制订。其方案应包括控制网点检测与加密、放样依据、放样方法、放样点精度估算、放样作业程序、人员及设备配置等内容。

（3）测量放样前应根据设计图纸中有关数据及使用的控制点成果计算放样数据，必要时还需绘制放样草图，所有数据必须经两人独立计算校核。

（4）现场放样所取得的测量数据，应记录在规定的放样记录手簿中。

（5）放样结束后，应向测量监理工程师提供书面的施工放样报验单。

（6）放样应根据放样点的精度要求和现场允许的作业条件，选择技术先进的放样方法，并应设置必要的检核条件。

（7）监理方法：

①审核施工单位上报的施工放样报验单的放样数据是否与设计图纸、文件、修改通知相一致，是否满足规范要求。

②现场对施工单位的放样数据进行复核测量，是否满足设计和规范要求。

③测量监理工程师签署审核意见。

**（四）竣工测量**

（1）竣工测量是一项贯穿于施工测量全过程的基础性工作，竣工测量数据文件和图纸资料，是评定和分析工程质量以及工程竣工验收的基本依据。竣工测量资料必须是实际测量成果。

（2）竣工测量包括下列主要项目：

①主体建筑物基础开挖建基面竣工地形图。

②主体建筑物关键部位与设计图同位置的开挖竣工纵、横断面图。

③建筑物过流部位或隐蔽工程的形体测量。

④建筑物各种主要孔、洞的形体测量。

⑤收集、整理金属结构、机电设备埋件安装竣工验收资料。

⑥其他需要竣工测量的项目。

（3）竣工测量的施测精度不低于施工测量放样的精度。

（4）随着施工的进展，按竣工测量的要求，逐渐积累采集竣工资料。待单项工程完工后，进行一次全面的竣工测量资料整理。

(5)监理方法：

①审核施工单位上报的施工测量成果报验单的测量数据是否与设计图纸、文件、修改通知相一致，是否满足规范要求。

②现场对施工单位的测量数据进行复核测量，是否满足设计和规范要求。

③测量监理工程师签署审核意见。

## 五、土建工程施工测量

### (一)开挖工程测量

(1)开挖工程测量内容包括：施工区原始地形图或断面图测绘、开挖工程轮廓点的放样、竣工地形图及纵横断面图测绘、工程量计算等。

(2)开挖轮廓放样点的点位中误差见表3-1。

表3-1　开挖轮廓放样点的点位中误差

| 轮廓放样点位 | 点位中误差/ mm | | 备注 |
| --- | --- | --- | --- |
| | 平面 | 高程 | |
| 主体工程部位的基础轮廓点、预裂爆破孔定位点 | ±50 ~ ±100 | ±100 | 点位中误差值均相对于邻近控制点或测站点、轴线点而言 |
| 主体工程部位的坡顶点、非主体工程部位的基础轮廓点 | ±100 | ±100 | |
| 土、沙、石覆盖面开挖轮廓点 | ±200 | ±200 | |

(3)开挖工程放样测放出设计开挖轮廓点，并用明显标志加以标定。开挖施工过程中，经常在预裂面或其他适当部位以醒目的标志标明桩号、高程和开挖轮廓点。

(4)开挖部位接近竣工时及时测放基础轮廓点和散点高程，并将欠挖部位及尺寸标于实地；必要时，在实地以适当密度标出开挖轮廓点以备验收之用。

(5)工程开工前，必须实测工程部位的原始地形图或断面图；施工过程中及时测绘不同材料的分界线，并定期测绘收方地形图或断面图；工程竣工后，必须实测竣工地形图或竣工断面图。各阶段的地形图和断面图均为工程量计算和工程结算的依据。

(6)工程量的计算符合下列规定：对同一区域土方挖填工程量进行两次独立测量计算的土方方量差值不超过7%或石方方量差值不超过5%时，可取其中数作为最后值。

(7)开挖工程细部放样、断面测量和工程量计算方法及技术要求按SL 52—93有关规定执行。

### (二)金属结构与机电设备安装测量

(1)金属结构与机电设备安装的测量工作包括测设安装轴线与高程基点，进行安装点的放样和安装竣工测量等。

(2)金属结构与机电设备安装轴线和高程基点埋设稳定的金属标志或设备观测墩。并且一经确定，在整个施工过程中不宜变动。

(3)在安装过程中，当由于种种原因致使原来的安装轴线或高程基点部分或全部被破坏时，视不同情况采用不同方法及时予以恢复。无论采用何种方法恢复的轴线或高程基点,均必须进行多方校核,以获得已安装构件的最佳吻合。

(4)安装点测设必须以安装轴线和高程基点为基准,组成相对严密的局部控制系统,以保证安装点相关位置的正确性。

(5)铅垂投点可采用重锤投点法、经纬仪投点法、激光投点仪投点法以及光学投点法进行。但投点方法的选用必须以精度估算作为基础,并报监理工程师进行确认。

(6)对已测放的安装点,必须采用与测放时不同的方法进行检查,以保证测放点之间的严密几何关系。对构成一定几何图形的一组安装测点,检核其与非直接量测点之间的关系;由一个高程基点测放的安装高程点或高程线,通过另一高程基点进行检查。

(7)金属结构与机电设备安装放样点测量限差、安装专用控制网、安装轴线点及高程基点的测设要求,按SL52—93有关规定执行。

(8)测放的安装点经检查合格后,填写安装测量放样成果单,提交安装单位使用,并上报监理工程师。

## 六、工程原材料进场验收质量控制

建立进场原材料质量报批和监理认证制流程如图3-4所示。

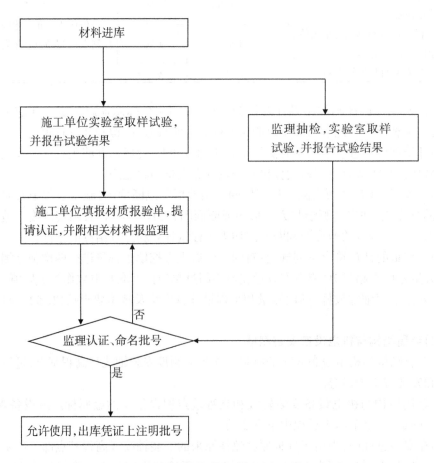

图3-4　原材料质量报批和监理认证制流程

施工单位按进场材料报验单填报,并附上厂家质量证明、出厂检验单和试验室抽检试验报告(水泥按3 d强度报批)报送监理,经监理认证并核定该批材料的审批号后返回一份,施工单位在收件后方准出库,并要求在发料凭证上注明审批号,以便监理验收及质量跟踪。

**(一)水泥**

运至工地用于主体工程浇筑的水泥,每一批有生产厂的合格证和品质试验报告,使用单位进行验收检验(按每200～400 t同厂家、同品种、同强度等级的水泥为一取样单位,如不足200 t也作为一取样单位),必要时进行复验。水泥检测内容包括强度、凝结时间、安定性、水化热(中、低热水泥),必要时增做比重、细度、含碱量、三氧化硫、氧化镁等项目的检测。监理工程师有权要求施工单位进行指定取样、增加取样数,或自行取样复检。

**(二)粗细骨料**

用于本工程的砂石料,施工单位必须出具由施工单位试验室出具的检验合格证。细骨料以400 m³或600 t为一个取样、报批单位,检测项目包括颗粒级配、细度模数、人工砂石粉含量、含水率。细骨料全指标检测每月进行1～2次。粗骨料用大型工具(如火车、货船或汽车)运输的,以400 m³或600 t为一验收批;用小型工具(如马车等)运输的,以200 m³或300 t为一验收批,不足上述数量者也以一批计,报批单位。检测项目包括颗粒级配、超逊径及针、片状颗粒含量。粗骨料全指标检测每月进行1～2次。监理工程师有权要求施工单位进行指定取样、增加取样数,或自行取样复检。

**(三)钢筋**

1.检验批

对不同厂家、不同规格的钢筋分批按国家对钢筋检验的现行规定进行检验,检验合格的钢筋方可用于加工。检验时以60 t同一炉(批)号、同一规格尺寸的钢筋为一批(质量不足60 t时仍按一批计),随意选取两根经外部质量检查和直径测量合格的钢筋,各截取一个抗拉试件和一个冷弯试件进行检验,采取的试件有代表性,不得在同一根钢筋上取2根或2根以上同用途试件。

2.钢筋的机械性能检验

(1)钢筋取样时,钢筋端部要先截去500 mm再取试样,每组试样要分别标记,不得混淆。

(2)在拉力检验项目中,包括屈服点、抗拉强度和伸长率三个指标。如有一个指标不符合规定,即认为拉力检验项目不合格。

(3)冷弯试件弯曲后,不得有裂纹、剥落或断裂。

(4)钢筋的检验,如果有任何一个检验项目的任何一个试件不符合钢筋主要的机械性能中所规定的数值,则另取两倍数量的试件,对不合格项目进行第二次检验,如果第二次检验中还有试件不合格,则该批钢筋为不合格。

3.混凝土配合比的设计及试验

(1)各种类型结构物的混凝土配合比必须通过试验选定,其试验方法按《水工混凝土试验规程》(SL/T 352—2006)有关规定执行。混凝土配合比至少具有3 d、7 d、14 d、28 d或可能更长龄期的试验或推算资料。

（2）混凝土配合比试验前 28 d，施工单位将各种配合比试验的配料及其拌和、制模和养护等配合比试验计划一式四份报送监理部。

（3）施工单位在混凝土配合比试验前至少 72 h 书面通知监理工程师，以便在材料取样、试验、试验室配料与混凝土拌和、取样、制模、养护及所有龄期测试时监理工程师可以赶到现场。

（4）施工单位必须使用现场原材料进行混凝土配合比设计与试验，确定混凝土单位用水量、砂率、外加剂用量。试验所使用的原材料，事先得到监理工程师的审核认可。

（5）经试验确定的施工配合比，其各项性能指标必须满足设计要求。混凝土施工配合比及试验成果报告，在混凝土浇筑前 28 d 前报监理工程师审批，未经审批的配合比不得使用。

（6）施工过程中，施工单位如需改变监理批准的混凝土配合比，必须重新得到监理部的批准。

**（四）混凝土试件物理力学性能检测监理**

施工单位的混凝土试件按随机取样方式取料成型，以机口取样为主，仓面取样为辅（仓面取样数量不少于机口取样数量的 5%），试件成型的同时检测混凝土拌和物性能。试件养护达到规定龄期时及时进行各项性能检测，并要求有 2 人以上进行试验、数据校核与记录。

（1）每浇筑块或每 50～100 m³ 至少有一组抗压强度试件，抗冻、抗渗试件每 200～500 m³ 成型各一组；面板混凝土，每班取一组抗压强度试件，抗渗检验试件每 500～1 000 m³ 成型一组，抗冻检验试件每 1 000～3 000 m³ 成型一组，不足以上数量者也取样一组；大体积混凝土按同强度等级、同配合比每班或每 500 m³，非大体积混凝土每 100 m³（不足也成型）成型抗压强度试件各一组；必要时进行半小时快速测强。

（2）对主要强度等级混凝土每季度安排一次全面性能试验，内容包括（7 d、28 d、90 d）抗压强度试验、设计龄期的混凝土抗渗试验、设计龄期的混凝土抗冻试验。

（3）对试验系统的质量检查，每季度至少进行一次。施工单位对试验仪器设备、养护室温度、湿度控制情况、试验检测操作过程、试验检测原始资料等进行检查，监理工程师监督以确保试验、检测结果的可靠性。

（4）现场混凝土试件的强度按月、强度等级、部位，以同一配合比的一批混凝土作为一个统计单位，并将试验结果列入"试验结果月报表"报监理工程师审核。

# 第四节　单项工程监理工作要点

## 一、施工导流、降排施工过程监理

根据设计要求，本工程施工导流由以下几部分组成：上游围堰、上游穿堤简易便桥及进出口连接段、上游段导流明渠、汇入广府排渠穿越省道 S036、下游导流明渠、下游穿堤进口连接段、DN1600 mm 土压平衡顶管穿堤、出口防冲段、下游围堰。

上、下游围堰按照设计随水深而定，保证堰顶高于现状水位 0.5 m，顶宽 3 m，上、下游边坡为1∶2。围堰填筑土取自发包方指定的取土区,采用挖掘机开挖,自卸汽车运输,双侧进占法填筑,履带挖掘机进行碾压,每层铺土厚度≤30 cm,确保有足够的密实度和防渗水能力。围堰拆除采用挖掘机进行,将弃土运到监理指定区域。恢复原有地形地貌。导流明渠开挖,用挖掘机进行,两侧堆土对导流渠堤顶进行加高培厚。施工排水主要内容包括施工场地的明水排除、临时排水,基坑内永久工程建筑物施工所需的经常性排水(包括排除降雨、基坑渗漏水、地下水和施工废水等)。

施工排水工作的主要目的是保证主体工程在干场作业。为防止降雨、降水来水,以及其他途径来水进入建筑物基坑,沿基坑顶两侧外沿分别设置一道排水沟,将水集中排放到监理人指定或认可的河道或沟渠内。在基坑右侧临时堆土区外侧设置的排水沟,采用梯形断面,底宽100 cm、深100 cm、边坡1∶1。基坑左侧外沿处设置的排水沟,采用梯形断面,底宽50 cm、深50 cm、边坡1∶1。营地生产区和生活区四周修建适量排水沟,及时将降雨及其他途径来水排除,保证生产和生活不受影响。排水沟采用梯形断面,底宽50 cm、深50 cm、边坡1∶1。

根据地勘报告,工程场区地下水位较高,施工前期需进行施工降水。计划采用管井降低地下水,降水系统由井管和抽水设备等组成,抽水设备采用潜水泵,管井布置在建筑物基坑四周。待导流完成明水排除后,根据现场实际地质情况,按照相关公式计算并通过试打降水井,按照降水效果确定降水井的井深、间距、数量等指标,并组织降水施工。

## 二、拆除工程施工过程监理

拆除工程主要包括本工程范围内原闸干砌石拆除、浆砌石拆除、钢筋混凝土拆除、导流围堰拆除及监理人指明的其他项目的拆除。拆除工作内容包括准备工作、场地清理、测量放样、机械拆除、拆除渣料挖运和堆存、拆除部位表面修整及处理、监(检)测和安全防护等工作,以及监理人指示的其他相关工作。

### (一)拆除原则

(1)拆除施工不能对周围设施及人员造成危害。

(2)确保建筑物基础或地基不受到扰动。

(3)在保证安全的基础上尽量采用高效的施工方案。

### (二)拆除方法

拆除的废弃物采用1 m³挖掘机或3 m³装载机装自卸汽车运至业主指定的弃渣场堆放。经监理人和业主认可的可利用材料集中堆放,以备再利用。

(1)机电设备拆除。首先切断电源,将所有电线电缆拆除,然后将所有机电设备用汽车运到指定地点。

(2)启闭机拆除。原启闭机整体用25 t汽车吊装到平板车上运到指定地点。

(3)叠梁闸门拆除。叠梁闸门拆除采用25 t汽车吊装到平板车上运到指定地点。

(4)砌石拆除。干砌石拆除采用人工以钢钎、撬棍进行拆除;浆砌石拆除采用人工以电动、风动工具松动,人工以钢钎、撬棍进行拆除。拆除中保护原有的石块大小,并集中堆放,以备再利用。部分不可利用的,直接由挖掘机拆除、挖运。

(5)混凝土结构物拆除。采用移动式液压破碎机进行拆除。

**(三)移动式液压破碎机拆除混凝土结构物**

**1.桥面拆除**

首先拆除桥面板,采用风镐先拆除桥面栏杆、铺装层,再将桥面板与下部结构的连接部位清理干净,然后用大吨位汽车吊吊下来装平板车运至指定地点。

**2.钢筋混凝土桥墩、闸墩、挡土墙等拆除**

拆除自上而下进行,建筑物一侧有填土时,先采用挖掘机将土方下降到一定高程,然后采用液压破碎机拆除混凝土。在拆除过程中,采用人工用气割枪配合破碎机施工,遇钢筋较密破碎机拆除困难时,用气割枪割除钢筋。

**3.钢筋混凝土底板拆除**

钢筋混凝土底板厚度较大,配筋较密,混凝土方量也较大,拆除从一侧进行,液压破碎机位于钢筋混凝土底板上,垂直进行拆除。每次拆除深度可达30~40 cm,拆除一层,用挖掘机清渣一层,分层将闸底板拆除至设计要求。

在拆除过程中,人工用气割枪配合反铲施工,遇钢筋较密破碎机拆除困难时,用气割枪割除钢筋。

## 三、土方开挖施工过程监理

**(一)监理要点**

(1)施工方案审核。

(2)机具设备检查。

(3)作业条件检查。

(4)巡视检查施工工艺操作过程是否符合施工方案、设计及规范标准规定,是否存在质量缺陷、隐患等。

(5)巡视检查建基面的实际地质情况。

**1.技术准备**

(1)施工单位设计要求做好测量定位放线、水平桩设置、挖土灰线放设等工作,并报监理复核。

(2)施工单位了解施工现场的地质、水文资料及周围环境。必要时,项目法人要提供施工区域内地下管线、电缆等图纸。

(3)施工单位做好施工技术交底工作,并书面记录。

**2.其他**

(1)开挖区域内地上和地下障碍物或拆迁工作全部完成。

(2)场区运输道路修筑、场地平整、临时排水设施能满足正常施工要求。

(3)地下水降低措施准备就绪。

(4)劳动保护措施、夜间作业需要设置的照明设施、作业面安全状态等满足施工要求。

**(二)施工过程**

(1)根据施工图纸和施工控制图进行测量放线,按实际地形测量开口轮廓位置;在施工过程中,测量、检查开挖数据及高程。

（2）测绘或收集开挖前后的原始资料,如覆盖层、竣工建基面等内容的纵、横数据面图及地形图。

（3）测绘岸坡及其他开挖部位的开挖施工现场场地布置图及各阶段开挖面貌图。

（4）提供单项工程各阶段和竣工后的土方测量资料。

（5）有关基础处理的测量工作。

（6）在整个施工期间,施工单位做好监测和施工原始记录及其整理工作,并在次月7日前,向监理部报送当月的原始记录资料,以利于监理工作的进行。施工原始记录资料包括下述内容:

①观测资料。

②采用的施工方法、机械配置以及劳动力组合。

③机械生产效率及主要材料消耗量。

④施工中发生的重大问题的处理措施及处理过程。

⑤各阶段的施工进度及所完成的工程量。

⑥质量检查原始资料。若开挖完成,施工单位还必须主动配合施工地质工程师完成相应开挖部位的地质描图,并向监理部报送竣工测绘图及工程地质与水文地质说明。

（7）施工过程中,施工单位按核定的施工措施文明施工,加强技术管理和工程总结工作。当出现作业效果不符合设计或施工技术规程规范要求时,随时调整或修订施工措施计划并报送监理部审核。

（8）施工中,发现工程地质、水文地质条件变化或其他实际条件与设计条件不符时,及时将有关资料报送设计单位、施工单位和监理部,供设计单位修改设计时参考。

**（三）工程检验验收**

1.验收程序和组织

（1）施工单位项目部自检,合格后报监理部申请验收。

（2）监理部专业监理工程师组织施工单位项目技术(或质量)负责人等进行验收。

2.验建基面

（1）组织单位。项目法人负责组织建基面验收工作。

（2）参加单位及人员。项目法人代表、施工单位项目部技术(或质量)负责人、监理部总监理工程师、专业监理工程师、设计单位代表等。

（3）主要工作。熟悉勘察报告,了解拟建建筑物的类型和特点,研究基础设计图纸及环境监测;核对建基面施工位置、平面尺寸和标高;宜采用贯入仪等简便易行的方法进行钎探,以验证基底承载力;验收人员会商并提出意见。

3.检验标准

机械、人工土方开挖工程质量检验标准。

4.工程资料

（1）图纸会审、设计变更、洽商记录。

（2）工程定位测量、放线记录。

（3）验槽记录。

（4）机械、人工土方开挖工程质量验收记录。

**(四)施工质量控制**

(1)开挖轮廓位置保证开挖规格,除非设计另有规定,否则满足下列精度要求:覆盖层的放样,平面位置点位误差不大于50 cm,高程点位误差不大于25 cm。

(2)永久性挖方边坡、坡度符合设计要求。当需要修改坡度时,由设计单位确定。基础开挖宜采取从上而下分层分段依次进行,逐层设置排水沟(或井),层层下挖并做成一定的坡度,以利于泄水。不得在影响边坡稳定的范围内积水,在挖方两侧弃土时保证挖方边坡稳定。

(3)处于不良地质地段的设计边坡,当其对边坡稳定有不利影响时,在开挖过程中,项目法人、设计、施工、监理共同协商,提出解决的办法。施工单位不得擅自处理,否则一切后果自行负责。

(4)经监理工程师认可能够使用的开挖土石料必须堆放至设计文件标明或者监理部指定的储料场中。土石料的堆存按有关图纸要求或报经监理部批准的作业计划,分层堆存,并保证以后可以顺利取出这些土石料加以利用。严禁将能够使用的土石料与废弃料混杂。

(5)开挖作业符合国家有关安全技术规程和劳动保护法规。

## 四、土方回填施工过程监理

**(一)施工过程中的测量工作**

施工单位的施工测量包括下述内容:

(1)根据施工图纸和施工控制图进行测量放线,按实际地形测量;在施工过程中,测量、检查开挖数据及高程。

(2)测绘或搜集填筑前后的原始资料,如覆盖层、竣工建基面等内容的纵、横数据面图及地形图。

(3)测绘施工现场场地布置图及各阶段填筑面貌图。

(4)提供单项工程各阶段和竣工后的土方测量资料。

(5)其他有关的测量工作。

**(二)施工原始资料**

在整个施工期间,施工单位做好监测和施工原始记录及其整理工作,并在次月7日前,向监理部报送当月的原始记录资料,以利于监理工作的进行。施工原始记录资料包括下述内容:

(1)观测资料。

(2)采用的施工方法、机械配置以及劳动力组合。

(3)机械生产效率及主要材料消耗量。

(4)施工中发生的重大问题的处理措施及处理过程。

(5)各阶段的施工进度及所完成的工程量。

(6)质量检查原始资料。

**(三)文明施工**

施工过程中,施工单位按核定的施工措施文明施工,加强技术管理和工程总结工作。

当出现作业效果不符合设计或施工技术规程规范要求时,随时调整或修订施工措施计划并报送监理部审核。

**(四)设计变更**

施工单位发现工程地质、水文地质条件变化或其他实际条件与设计条件不符时,及时将有关资料报送设计单位、施工单位和监理部,供设计单位修改设计时参考。

**(五)施工质量控制**

(1)土方填筑工程基线相对于邻近基本控制点,平面位置允许误差 ±(30~50)mm,高程允许误差 ±30 mm。

(2)表层不合格土、杂物等必须清除,填筑范围内的坑、槽、沟等,按填筑要求进行回填处理。基面清理平整后,及时报验。基面验收后抓紧施工,若不能立即施工,做好基面保护,复工前再检验,必要时需重新清理。

(3)填筑遵循。按照"薄层轮加"的原则,严格控制加载速率。一般情况按施工加荷控制曲线进行填筑,并根据原位观测资料分析结果指导施工。若出现开裂或突然沉降,立即停止加载并报告项目法人、监理单位和设计单位,分析原因并及时采取相应处理措施。

(4)相邻施工段的作业面宜均衡上升,若段与段之间不可避免地出现高差,以斜坡相接。

(5)铺料至堤边时在设计边线外侧各超填一定余量:人工铺料宜为 10 cm,机械铺料宜为 30 cm。

(6)严禁将透水料与黏性土料混杂,填筑料中的杂质予以清除。

(7)回填土质量保证措施:

①回填采用水平分层夯实,墙后回填土采用动力打夯机械与人工夯实相结合,填土虚铺厚度 200~300 mm,铺土厚度每层 100 $m^2$ 为一个测点。压实质量,黏性土 1 次/(100~200 $m^3$),砂砾土 1 次/(200~500 $m^3$),要求每个检测点必须合格。碾压搭接带宽度分段碾压时,相邻两段交接带碾压迹彼此搭接,垂直碾压方向搭接宽度不小于 0.3~0.5 m,顺碾压方向搭接宽度不小于 1.0~1.5 m,每天搭接带每个单元抽测 3 处。监理机构对土方试样跟踪检测不少于施工单位检测数量的 10%,平行检测不少于施工单位检测数量的 5%,重要部位至少取样 3 组。

②与建筑物相接时,在填土前清除建筑物表面浮皮、粉尘及油污,对建筑物外露铁件宜割除,必要时对铁件残余露头采用水泥浆覆盖保护。回填时必须先将建筑物表面湿润,边涂泥浆边铺土边夯实,涂浆高度与填土厚度一致,涂层厚度宜为 3~5 mm,并与下部涂层衔接,严禁涂层干后填筑。

③填土之前清淤必须彻底,不能有积水。

④本工程回填土方的压实度不低于 0.93。在填土时,按规范的规定进行每层环刀取样,对不合格的坚决返工重做。

⑤在填筑过程中,不得有翻浆、松散干土、橡皮土现象,在填土中不得含有淤泥、腐殖土及有机物质等。

### 五、浆砌石施工过程监理

#### (一)对照测量工作

为确保工程质量,避免造成重大失误和不应有的损失,全站测量和放样成果都报经监理工程师检查认可核实签证后,方可进行下道工序施工。必要时,监理部可以要求施工单位在监理工程师直接监督下进行对照测量。但是监理工程师所做的任何对照测量,决不减轻施工单位对保证结构位置和尺寸精确性所负的合同责任。

#### (二)技术文件审批工作

施工过程中,施工单位按照已报批的施工措施计划文明施工。同时加强技术管理,做好原始资料的记录、整理和总结工作,当发现作业效果不符合设计或技术规范要求时,随时调整或修订施工措施计划,并及时报送监理部批准。

#### (三)加强施工测量工作

施工中,要加强施工测量工作,其内容包括:

(1)做好地面三角网的控制测量。

(2)轴线、点位、高程及开挖削坡断面的施工放样。

(3)测绘砌石体的纵横断面,做好施工部位检查验收工作。

#### (四)要求施工质量资料报审工作

砌筑作业期间,施工单位做好记录、成果资料和质量检查情况的整理,随同旬报一起报到监理部。

#### (五)及时申请中间(或阶段)验收工作

开挖阶段完成后,施工单位及时申请中间(或阶段)验收,以利于下道工序工作进行。申请验收报告包括下列资料:

(1)施工详图的图号以及设计变更文件的文号。

(2)砌筑导线及高程的实测成果和说明。

(3)测量误差的实测成果和说明。

(4)施工记录资料。

(5)技术总结。

#### (六)施工质量控制

(1)在砌筑过程中,要注意施工质量,各道工序开始前必须经监理工程师确认前道工序质量合格后方可开始。

(2)在砌筑过程中,监理工程师随时对施工过程进行监督,查清地质构造,是否需排水支护。超挖部分的回填压实措施,砌筑量要满足堤防施工规范的要求等全方位进行控制。

(3)监理工程师如发现施工单位没有按设计或有关规范、规程的要求进行施工,或未达到设计要求,施工单位无条件地按着监理工程师的要求停工整顿或返工,所有损失由施工单位自负。

(4)砌筑工程所用的全部材料满足设计各项指标的要求,并且在使用前都要进行材料检验和试验。

(5)质量保证措施:

①首先检查石料。石料采用质地新鲜、坚硬完整、强度高、耐风化、具有良好抗水性能的岩浆块石。页岩、泥灰岩、黏土岩以及扁平细长和已经风化的块石不得使用。严禁使用薄片状石料。单个块石厚度不宜小于 250 mm，最小边长不小于 200 mm，单块重量不宜小于 25 kg。石料表面的泥垢等杂质清除干净。

②砌筑前严格按设计要求对基底进行清挖、整平。护坡按设计的边坡整修，整坡时要避免填土。

③砌筑所用的砂浆品种、稠度、初凝时间、砂浆强度必须符合设计要求。每个构筑物或 50 m² 浆砌块石护面，至少制作一组试块。

④砌筑前石料用水湿润，砌筑采用坐浆法施工，先铺砂浆后砌筑。所有石块坐浆且石块之间有砂浆填筑，石块不能直接接触，也不能留有任何空隙。砌筑砂浆饱满、严密。

⑤砌石护面使块石的长边垂直于坡面，顺坡向接缝互相交错，错缝大于 100 mm，通缝小于 100 mm，错牙 30 mm，平整度 30 mm，三角缝小于 100 mm，块石契合紧密，不得有松动叠砌、浮塞等弊病。

⑥用于表面的石料必须有一个平整面，尺寸较大时做相应的调整。

⑦浆砌块石砌体，砌筑时石块分层卧砌，上下错缝，内外搭接，砌立稳定。相应工作段高差不大于 1.2 m。

⑧砌筑时控制所有的石块均放在新拌的砂浆上，砂浆必须饱满，石缝间不得直接紧靠，不允许采用外面侧立石块、中间填心的方法砌石。砌筑使用的砂浆在其初凝之前使用完毕。

⑨砌体的勾缝宽窄均匀、深浅一致，丁字缝搭接平整。不得有浮缝、通缝、丢缝、裂纹和黏结不牢、散浆黏附等现象。砌缝宽度，平缝 15～20 mm。

⑩结构尺寸和位置，严格按照施工详图的规定进行控制，表面不平度偏差用 2 m 靠尺和塞尺测量不大于 30 mm。

⑪砌体外露面在砌筑后 12～18 h 内及时养护，养护时间不小于 14 d。

## 六、抛大块石施工过程监理

施工质量控制如下。

### (一)测量、放样

(1)施工单位放样前，全面熟悉设计文件，接受项目法人提供的导线桩、水准点、设计的逐桩坐标资料以及其他桩标。

(2)监理部审核批准后，要求施工单位按设计图纸和施测技术方案进行复核放样和测量。

(3)测量完成后，施工单位将所有测量资料，包括计算和图纸作为"测量放线报验单"的附件报监理工程师，由监理工程师审核。

(4)施工单位因施工需要需增加控制点、临时水准点、辅助基线等时，申请监理工程师现场监督、检查、复核并认可。

### (二)石料选择

(1)水下抛石石料按设计要求，选用石质坚硬，比重不小于 2.65 t/m³ 的石料，形状以砣石为佳。严禁使用薄片状石料、易风化及易碎的岩石。

(2)石料尺寸符合设计要求。为保证抛石整体密实性,石料均进行级配,粒径 30 cm 的占 10%,粒径 40 cm 的占 20%,粒径 40~60 cm 的占 70%。为满足多层次抛投和设计厚度的要求,石料粒径不宜大于 60 cm。

(3)抛投过程控制。验方完成后,在监理工程师旁站监督下,施工单位组织人员立即抛投。注意分多层抛投均匀,不空当。

抛投过程中,依据船只所验方量和网格设计方量及多层抛投的要求,经常合理地移动船只,防止抛石成堆、抛投不匀。

**(三)数据处理**

(1)数据保留位数,符合国家及水利行业有关试验规程及施工规范的规定。计算合格率时,小数点后保留一位。

(2)检验和分析数据可靠性时,符合下列要求:检查取样具有代表性;检验方法及仪器设备符合国家及水利水电行业规定;操作准确无误。

(3)实测数据是评定质量的基础资料,严禁伪造或随意舍弃检测数据。对可疑数据,检查、分析原因,并做出书面结论。

## 七、混凝土工程施工过程监理

(1)混凝土工程施工过程中,施工单位还必须根据《水利水电基本建设工程施工质量评定规程》(SL 176—2008)的规定。依照监理部相应"单元工程质量等级评定和开工(仓)签证"监理工作要点要求,办理单元工程开工(仓)签证手续。

(2)单元工程首次开仓前 7 d,施工单位对浇筑仓面的边线及模板安装实地放线成果进行复核,并将放样成果报监理部审核。为确保放样质量,避免造成重大失误和不应有的损失,必要时,监理部可以要求施工单位在监理工程师直接监督下进行对照检查。

(3)混凝土浇筑开仓 3~12 h 之前,施工单位通知监理工程师对开仓准备工作进行检查。检查内容包括:

①基础面检查。

②施工缝的处理。

③模板安装。

④钢筋布设。

⑤灌浆与排水系统布设。

⑥观测仪器、设备及预埋件安装。

⑦止水设施安装。

⑧其他必须的检查项目内容。

⑨上述各项的检查标准,参照"混凝土工程单元工程质量等级评定标准"执行。

(4)在每一项规定的龄期,施工单位或其试验室向监理部检测试验室提交书面报告,报告中至少包括如下内容:

①所用的每种材料及其试验数据的详细描述。

②试验方法、程序及设备情况。

③分组比例、配料、拌和、试验、模板制作安装及养护情况。

④试验结果的详细陈述。

⑤结论。

（5）施工单位按照经报审通过的施工措施计划按章作业、文明施工。需根据试验成果决定施工措施，或必须调整、修订施工作业程序、方法或进度计划，或必须调整混凝土原材料与配合比等，属于对施工措施计划的实质性变更，均在事先征得监理的同意并有签证手续后，才允许在施工中实施。

（6）金属止水片的焊接、金属止水片和塑料止水片的铆接等作业，必须在将试焊、试接样品送请监理工程师认可后，方可实施焊接作业。

（7）施工中如果因施工方面的原因，要增加或改变施工工作缝，必须在浇筑程序详图中表明，报到监理部审核。

（8）混凝土浇筑的缺陷在拆除模板后 24 h 内修补完毕。任何蜂窝、凹陷或其他损坏的有缺陷混凝土，及时通知监理工程师，并提出修补、修复措施，经监理工程师同意后，方能进行处理。修补、修复过程中，均须有详细的记录。

（9）回填预留孔混凝土或砂浆之前，均必须事先有作业措施并征得监理工程师的同意后，方可实施。

（10）施工期间，施工单位必须按周向监理部报送详细的原始施工记录复制件。其内容包括：

①每一构件、块体混凝土数量，所用原材料的品种、质量、混凝土强度等级及配合比。

②各个构件、块体的实际浇筑顺序、起止时间、养护及表面保证时间、方式、模板和钢筋，以及止水设施、仪器、预埋件等的情况。

③浇筑地点的气温、各种原材料的温度、混凝土的浇筑温度、各部位模板拆除的日期。

④混凝土试件的试验结果及其分析。

⑤混凝土裂缝的部位、长度、宽度、深度、裂缝条数、发现的日期及发展情况。

⑥施工中发生的质量、安全事故及处理措施。

⑦其他有关事项。

（11）预制构件具备所有必须的标志、标记及证明书。构件安装校正、完成焊接作业，并报经监理工程师检查认可，开出开仓签证后，方可浇灌接头的混凝土，以最后固定预制构件。

（12）施工质量控制。

①运至工地用于主体工程浇筑的水泥，有产品出厂日期、厂家的品质试验报告。试验室必须进行复验，必要时还要进行化学分析。试验检查项目包括水泥强度等级、凝结时间、体积安定性。

必要时，还要增加稠度、细度、比重、水化热。

袋装水泥贮运时间超过 3 个月，散装水泥超过 6 个月，使用前重新检验。

②选用的水泥强度等级与混凝土设计强度等级相适应。对于水位变化区的外部混凝土、溢流坝面和经常受水流冲刷部位的混凝土，以及有抗冻要求的混凝土，宜选用普通硅酸盐水泥，其强度等级不低于 425 MPa。

③外加剂有产品出厂日期、厂家出厂合格证、产品质量检验结果及使用说明，否则必须按《水工混凝土外加剂技术规程》(DL/T 5100—1999)进行质量检验。当贮存时间超过产品有效存放期，或对其质量有怀疑时，必须进行同样的质量试验鉴定。

④混凝土的坍落度根据结构部位的性质、含筋率、混凝土运输与浇筑方法和气候条件等决定，并尽可能采用小的坍落度。当使用振捣器时，混凝土在浇筑地点的坍落度，若设计未明确规定，可参照以下规定执行：

a.对于水工素混凝土或少筋混凝土，标准圆锥坍落度为 3 ~ 5 cm。

b.对于配筋率不超过 1% 的混凝土，标准圆锥坍落度为 5 ~ 7 cm。

c.对于配筋率超过 1% 的混凝土，标准圆锥坍落度为 7 ~ 9 cm。

d.采用泵送混凝土作业时，其坍落度标准另行报经监理站审核。

⑤用于主体工程的钢筋有出厂证明或试验报告单。使用前仍做拉力、冷弯试验，需要焊接的钢筋做好焊接工艺试验，钢号不明确的钢筋，经试验合格后方可使用，且不得用于承重结构的重要部位。

⑥以另一种钢号或直径的钢筋代替设计文件规定的钢筋时，必须于事前征得设计单位的书面同意，并遵守以下规定：

a.以另一种钢号或种类的钢筋代替设计文件规定的钢号或种类的钢筋时，按两者的计算强度进行换算，并对钢筋截面面积做相应的改变。

b.以同钢号钢筋代换时，直径变更范围最好不超过 4 mm，变更后的钢筋总截面面积不得小于 2% 或超过 3% 设计规定截面面积。

c.钢筋等级的变换不能超过一级，也不宜采用改变钢筋根数的方法来减少钢筋截面面积，必要时校核构件的裂缝和变形。

d.以较粗的钢筋代替较细的钢筋，必要时校核代替后构件的握裹力。

⑦钢筋的调直和除污去锈符合下列要求：

a.钢筋的表面洁净，使用前将表面油渍、漆污、锈皮、鳞锈等清除干净。

b.钢筋平直、无局部弯折和表面裂纹，钢筋中心线同直线的偏差不超过其全长的 1%，成盘的或弯曲的钢筋均矫直后才允许使用。

c.钢筋在调直机上调直后，其表面伤痕不得使钢筋截面面积减少 5% 以上。

d.如用冷拉方法调直钢筋，则其矫直冷拉率不得大于 1%（对于 Ⅰ 级钢筋不得大于 2%）。

⑧对于直径不小于 10 mm 的热轧钢筋，其接头采用搭接、绑条电弧焊时，符合下列要求：

a.接头做成双面焊缝，对于 Ⅰ 级或 Ⅱ、Ⅲ 级和 5 号钢筋，其搭接或绑条的焊缝长度分别不短于主筋直径的 4 倍或 5 倍。只有当不能做双面焊时，才允许采用单面焊，其搭接或绑条的焊缝长度比双面焊增加 1 倍。

b.为便于施工焊接和使焊条与主筋的中心线在同一平面上，绑条以采用与主筋同钢号、同直径为宜。

c.搭接焊接头的两根主筋的轴线位于同一直线上。

d.焊缝高度为被焊接主筋直径的 0.25 倍，并不小于 4 mm，焊缝宽度为被焊接主筋直径的0.7倍,并不小于10 mm。钢筋和钢板焊接时,焊缝高度为被焊接钢筋直径的0.35倍,并不小于6 mm。焊缝宽度为被焊接钢筋直径的0.5倍,并不小于8 mm。

⑨为保证电弧焊的焊接质量,在开始焊接前(不是每班前),或每次改变钢筋的类别、直径、焊条牌号以及调换焊工前,特别是在可能干扰焊接操作的不利环境下现场焊接时,预先用相同的材料、相同的焊接操作条件、参数,制作两个抗拉试件,在抗拉试验合格后,才允许正式焊接。

⑩直径小于25 mm的钢筋可采用绑扎接头,但轴心受拉、小偏心受拉和随振动荷载的构件,均采用焊接接头。钢筋接头分散布置,配置在同一截面内的受力钢筋,其接头的截面面积占受力钢筋总截面面积的百分率,应符合下列规定:

a.闪光对焊、熔槽焊,接触电渣焊接头在受弯构件的受拉区,不超过50%,在受压区不限制。

b.绑扎接头,在构件的受拉区中不超过25%,在受压区不超过50%。

c.焊接与绑扎接头距钢筋弯起点不小于10倍主筋直径,也不位于最大弯矩处。

⑪为了保证混凝土保护层的必要厚度,在钢筋与模板之间设置强度不得低于构件设计强度的混凝土预制垫块,并与钢筋扎紧,垫块互相错开,分散布置。

在混凝土浇筑施工中,安排值班人员检查钢筋的架立位置。如发现钢筋位置发生变动,及时矫正,严禁为方便浇筑擅自移动或割除钢筋。

⑫所采用的混凝土运输设备,使混凝土在运输过程中不致发生分离、严重漏浆、泌水及过多降低坍落度等现象。同时运输两种以上强度等级的混凝土时,在运输设备上设置明显的标志,以免混淆。

⑬运输过程中,尽量缩短运输时间及减少转运次数。因故停歇过久,产生初凝的混凝土,做废料处理。在任何情况下,严禁中途加水后运入仓内。

⑭不论采用何种运输设备,当混凝土入仓的自由下落高度大于2 m时,采取缓降措施。

⑮浇筑混凝土,做好下列各项工作:

a.在架立模、绑扎钢筋以前,处理好基础面的临时保护层。

b.在软基上进行操作时,力求避免破坏或扰动原状土层。

c.非黏性土质,如湿度不够,至少浸湿15 cm深,使其湿度与此土壤在最优强度时的湿度相符。

d.当地基为湿陷性黄土或其他不良土壤时,采取专门的处理措施,并报经监理工程师同意后方可实施。

⑯在倾斜面上浇筑混凝土时,从低处开始浇筑,并使浇筑面保持水平,仓内的泌水必须及时排除。严禁在模板上开孔赶水,以免带走灰浆。

⑰混凝土缝的处理,遵守下列规定:

a.已浇好的混凝土,在强度未达到达2.5 MPa前,不得进行上一层混凝土浇筑的准备工作。

b.混凝土表面处理成毛面并清洗干净,排除积水、铺设2~3 cm厚且高一级强度等级水泥砂浆后,方可浇筑新混凝土。

⑱混凝土模板拆除的期限,须征得监理的同意,除非设计文件另有规定,否则遵守下列规定:

a.不承重的侧面模板,在混凝土强度达到 2.5 MPa 以上,并能保证其表面及棱角不能因拆除模板而损坏时,才能拆除。

b.钢筋混凝土结构的承重模板,至少达到设计强度的 50% 以上,对于跨度较大的构件必须达到设计强度的 100%,才能拆除。

⑲混凝土浇筑完毕后,当硬化到不因洒水而损坏时,就采取洒水等养护措施,使混凝土表面经常保持湿润状态直到养护期满。在炎热或干燥气候条件下,早期混凝土表面采用经常保持水饱和的覆盖物进行遮盖,避免太阳光的暴晒。

⑳施工单位对具深度控制要求的现浇混凝土工程,根据当地深度情况及设计图要求编制详细的温度控制措施报送监理部审核。

## 八、闸门安装施工过程监理

(1)金属结构件安装前具备以下资料:

①设计图样和技术文件(设计图样包括总图、装配图、零件图、水工建筑物图及金结构件关系图)。

②金属结构件出厂合格证。

③金属结构件制造验收资料和质量证书。

④发货清单。

⑤安装用控制点位置图。

(2)设备运至项目法人指定交货地点,各有关方检查清点,并详细记录签字备案。安装施工单位正式接收各项设备后,制订运输保管计划,把设备安全运到工地。

(3)施工过程中,施工单位按照报经批准的施工措施计划按章作业、文明施工。同时加强质量和技术管理,做好原始资料的收集、记录、整理和施工总结工作。当发现作业效果不符合设计或技术规范要求时,及时调整或修订施工措施计划,并报监理机构批准。

(4)当施工单位由于各种原因,需要修改已报经监理机构批准的施工措施计划,并致使施工技术条件发生了实质性变化时,施工单位于此类修改措施计划实施的 7 d 前,报监理机构批准。

(5)为确保工程质量,避免造成重大失误和不应有的损失,测量和检验成果及时报送监理机构检查认证。必要时监理机构可抽测或要求施工单位在监理工程师直接监督下进行对照检测。

(6)除非另行报经监理机构批准,否则在上一工序经监理工程师质量检验合格后,方可进行下一工序施工。监理工程师的质量检验均在施工单位的三级自检合格基础上进行,且不减轻施工单位承担的任何合同责任。

(7)发生事故时,施工单位及时采取措施,防止事故延伸和扩大,记录事故发生、发展过程和处理经过,并立即报告监理机构。

(8)施工单位每周、月定期召开生产会,检查本周、月生产计划完成情况、分析未完成计划的原因和研究解决措施,并安排好下周、下月生产计划,确保工程施工按预定施工进度均衡进行。

(9)施工过程中,施工单位不按批准的施工措施计划施工,或违反国家有关安全和施工技术规程、规范、环境和劳动保护条例,或出现重大安全、质量事故等,监理工程师有权分别采取口头违规警告、书面违规警告、监理通报,直到指令返工、停工整顿等方式予以制止。由此而造成的经济损失和施工延误由施工单位承担合同责任。

(10)施工单位坚持安全生产、质量第一的方针,健全质量保证体系,加强质量管理。施工过程中,坚持四员(质检员、施工员、安全员、调度员)到位和三级自检制度,确保工程质量。对出现的施工质量与安全事故及时向监理机构报告,并本着"三不放过"的原则认真处理。

(11)施工质量控制。

①埋件安装。

a.预埋在一期混凝土中的锚栓,按设计图纸制造,由土建施工单位预埋;闸门槽锚栓由安装单位预埋,在混凝土开盘前自检合格并报经监理检查、核对。

b.埋件安装前,门槽的模板等杂物必须除干净。一、二期混凝土的结合面全部凿毛,二期混凝土的断面尺寸及预埋锚栓或锚板的位置符合设计图纸要求,自检合格并报经监理检查、核对。

c.散埋件安装调整好后,将调整螺栓与锚栓焊牢,确保埋件在浇筑二期混凝土过程中不发生变形移位。

d.埋件工作面对接接头的错位均进行缓坡处理,过流面及工作面的焊疤和焊缝余高铲平磨光,凹坑补焊平并磨光。

e.埋件安装完成经检查合格后,在 5~7 d 内浇筑混凝土。混凝土一次浇筑高度不宜超过 5.0 m,浇筑时,注意防止撞击,并采取措施捣实混凝土。避免轨道水封座板工作面碰伤或粘上混凝土。

f.埋件的二期混凝土拆模后,对埋件进行复测,并做好记录。同时检查混凝土尺寸,清除遗留的钢筋和杂物,以免影响闸门启闭。

g.工程蓄水前,对所有门槽进行试槽。

②闸门试验。

a.闸门安装好后,在无水情况下做全行程启闭试验。试验前检查充水阀在行程范围内的升降是否自如,在最低位置时止水是否严密,同时还须去除门叶上和门槽内所有杂物并检查吊杆的连接情况,启闭时,在止水橡皮处浇水润滑,有条件时工作闸门做动水启闭试验。

b.闸门启闭过程中,检查滚轮、支铰等转动部位运行情况,闸门升降或旋转过程有无卡阻,止水橡皮有无损伤。

c.闸门全部处于工作部位后,用灯光或其他方法检查止水橡皮的压缩程度,没有透亮或有间隙。

d.闸门在承受设计水头的压力时,通过任意 1 m 长止水橡皮范围内漏水量不超过 0.1 L/s。

③保修期。

按合同规定,施工单位承担全部安装设备的施工安装期维护保养和合同保修期内的缺陷修复工作。

## 九、启闭机安装施工过程监理

机电设备供货单位在进行本合同各项设备安装前,按施工图纸规定的内容,全面检查安装部位的情况和设备构件和零部件的完整性和完好性。

### (一)强制性条文要求及安装前具备的资料

(1)对用以应急闸门的启闭机,必须设置备用电源。

(2)液压启闭机设有行程控制装置,不得用溢流阀来代替行程控制装置。

(3)走台、作业平台和斜梯必须设置牢固的栏杆,栏杆的垂直高度不小于1 m,离铺板约4.5 m处有中间扶杆,底部有不低于0.7 m的挡板。在桥机、门机小车平台上的栏杆,若条件限制,其高度可低于1 m。

(4)所有零部件必须检验合格,外构件、外协件有合格证明文件,方可进行组装。

(5)安装前具备的资料:

①主要零件及结构件的材质证明文件、化验与试验报告。

②焊接件的焊缝质量检验记录与无损探伤报告。

③大型铸、锻件的探伤检验报告。

④主要零件的热处理试验报告。

⑤主要零件的装配检查记录。

⑥零部件的重大缺陷处理办法与返修后的检验报告。

⑦零件材料的代用通知单。

⑧主要设计问题的设计修改通知单。

⑨产品的预装检查报告。

⑩产品的出厂试验报告。

⑪制造竣工图样、安装图样及产品维护使用说明书。

⑫外构件合格证。

⑬产品合格证及发货清单。

(6)电气设备的试验要求。

①接电试验前认真检查全部接线并符合图纸规定,整个线路的绝缘电阻必须大于0.5 mΩ方能开始接电试验。试验中各电动机和电气元件温升不能超过各自的允许值,试验采用该机自身的电气设备,试验中若有触头等元件有烧灼者予以更换。

②无负荷试验。

启闭机无负荷试验为上下全程往返3次,检查并调整下列电气和机械部分。

a.电动机运行平稳,三相电流不平衡度不超过±10%,并测出电流值。

b.电气设备无异常发热现象。

c.检查和调度限位开关(包括充水平压开度接点),使其动作准确可靠。

d.设计指示和荷重指示准确反映行程和荷载的数值,到达上下极限位置后,主令开关能发出信号并自动切断电源,使启闭机停止转动。

e.所有机械部件运转时,均没有冲击声和其他异常声音,钢丝绳在任何部位,均不得与其他部件相磨擦。

f.制动闸瓦松闸时全部打开,间隙符合要求,并测出松闸电流值。

③负荷试验

启闭机的负荷试验,一般在设计水头工况下进行,先将闸门在静水中全行程上下升降2次,再在动水中启闭2次,事故检修闸门在设计水头工况下静启2次。负荷试运转时,检查下列电气和机械部分。

a.电气设备无异常发热现象。

b.电动机运行平稳,三相电流不平衡度不超过±10%,并测出电流值。

c.所有保护装置和信号准确可靠。

d.所有机械部件在运转中没有冲击声,开放式齿轮啮合工况符合要求。

e.制动器无打滑,无焦味冒烟现象。

f.荷重指示器与高度指示器的读数能准确反映闸门在不同开度下的启闭力值,误差不得超过±5%。

g.电动机(或调速器)的最大转速一般不得超过电动机额定转速的2倍。在上述试验结束后,机构各部分不得有破裂、永久变形、连接松动或损坏,电气部分无异常发热等影响启闭机安全和正常使用的现象存在。

**(二)液压启闭机安装技术要求**

(1)液压机启闭机机架的横向中心线与实际测得的起吊中心线的距离不超过±2 mm,高程偏差不超过±5 mm,调整机座水平度,使其误差小于0.5 mm。

(2)机架钢梁与推力支座的组合面没有大于0.05 mm的间隙,其局部间隙不大于0.1 mm,深度不超过组合面宽度的1/3,累计长度不超过周长的20%,推力支座顶面的水平偏差不大于0.2/1 000。

(3)安装前检查活塞杆有无变形,在活塞杆竖直状态下,其垂直度不大于0.5/1 000,且全长不超过杆长的1/4 000;并检查油缸内壁有无碰伤和拉毛现象。

(4)吊装液压缸时,根据液压缸直径、长度和重量决定支点或吊点个数,以防止变形。

(5)活塞杆与吊杆吊耳连接时,当闸门下放到底坎位置,在活塞与油缸下盖之间留有50 mm左右的间隙,已保证闸门能严密关闭。

(6)管道弯制、清洗和安装均符合《水轮发电机组安装技术规范》(GB/T 8564—2003)中的有关规定,管道设置尽量减少阻力,管道布置清晰合理。

(7)初调高度指示器和主令开关的上、下断开点及冲水接点。

(8)试验过滤精度:柱塞泵不低于20 μm,叶塞泵不低于30 μm。

(9)液压启闭机试运转。

①试运转前的检查。

a.门槽内的一切杂物清扫干净,保证闸门和拉杆不受卡阻。

b.机架固定牢固,检查螺帽是否松动。

c.电气回路中的单个元件和设备均进行调试并符合GB 1497中有关规定。

d.启闭机安装好后,要有启闭机制造厂技术人员进行认真细致的调试,使各项技术指标达到设计要求。

②油泵第一次启动时,将油泵溢流阀全部打开,连续空转 30~40 min,油泵不能有异常现象。

③油泵空转正常后,在监视压力表的同时,将溢流阀逐渐旋紧,使管路系统充油,充油时打开排气孔,油缸运行 3~5 次排出空气。管路充满油后,调整油泵溢流阀,使油泵在其设计压力 25%、50%、75% 和 100% 的情况下分别连续运转 15 min,无振动、杂音和温度过高等现象。

④上述试验完毕后,调整油泵溢流阀,使其工作压力达到设计压力的 1.1 倍时动作排油,此时也无剧烈振动和杂音。

⑤油泵阀组的启动阀一般在油泵开始转动后 3~5 s 内动作,使油泵带上负荷,否则应调整弹簧压力或节油孔的孔径。

⑥无水时,先手动操作升降闸门一次,以检验缓冲装置减速情况和闸门有无卡阻现象,并记录闸门的全开时间和油压值。

⑦调整高度指示器,使其指针能正常指出闸门所处位置。

⑧操作其控制柜和可编程控制系统,检查其控制功能、显示功能、保护功能是否合理。

⑨将闸门提起,在 48 h 内,闸门因活塞油封和管路系统的漏油而产生的下沉量不大于 200 mm。

⑩手动操作试验合格后,方可进行自动操作试验。提升关闭试验闸门时,记录闸门关闭时间和当时水库水位及油压值。

## 十、防碳化处理施工过程监理

施工工艺流程:清基(打磨、除尘、清洗基面)→均匀涂刷(底料)1 遍→均匀涂刷(中料)2 遍→均匀涂刷(面料)1~2 遍→刮抹和涂层总厚度达到 1.5 mm→最后一遍完成后,无需养护,2 d 可蓄水使用。具体操作如下:

(1)将防碳化部位混凝土表面进行打磨、清洗,除去粉尘污物。

(2)对局部剥蚀部位凿除后采用聚合物砂浆修复。

(3)涂层材料必须按配比严格配制,不得随意加水稀释。

(4)涂层材料搅拌要充分均匀,为防团块疙瘩,需要过筛处理。

(5)切记一次拌料不能太多,随用随拌。

(6)涂层施工应按底涂层、中涂层及表涂层的顺序施涂,后一遍必须在前一遍涂层材料干燥不粘手后进行。每一遍涂层应涂刷均匀,两遍涂刷方向相互垂直,以防漏涂。特殊部位可增加涂层次数。

(7)涂层施工方法可以采用滚涂、刷涂或抹涂。滚涂适合大面积涂层,施工效率高,质量亦好;刷涂方法较慢,适宜难以施工的区域,如拐角处等部位刷涂,或小面积施工;抹涂则适用于水下部位,涂料较黏稠,先敷平,再用传统方法抹平,使涂层密实且薄厚均匀。对于立面、斜面和底部,一次涂层厚度要薄,防止流淌。

(8)涂层施工环境温度宜在 5~25 ℃,相对湿度不大于 85%,在大风、雨、雾及强型日光照射下不宜施工,或采取必要的防护措施再施工。

(9)碳化涂层根据涂层厚度要求:水上部分混凝土防碳化处理涂刷2~3遍,厚度大于1.2 mm;水位变化区及以下部为防碳化处理涂刷厚度为3~4遍,厚度大于1.5 mm。每一道涂层表面干后,可再涂刷下一层。

### 十一、碎石土回填施工过程中的质量控制

填土前,监理单位组织设计、施工、建设、质量监督单位及实验室联合验收建基面,建基面验收合格后进行碎石土回填。

施工时,要求施工单位将筛分好的土样与石子用搅拌机搅拌均匀,将搅拌好的碎石土平铺到闸室段基础位置,铺土前记录高程,每层铺土厚度30 cm;施工单位采用旋耕机将铺筑好的碎石土旋耕一次,保证碎石土搅拌更均匀,充分晾晒碎石土,降低含水率;采用22 t振动碾交错、搭接碾压,往返静碾1遍,动碾3遍,碾压至边;碾压结束后记录高程。

(1)先进行清基及压实,清除表层土,一般厚30 cm,清理范围为闸底板设计基面边线外50 cm,基础清理完成后进行碾压。回填范围内的坑、沟、槽等,按土方回填的技术要求进行回填处理。第一层土料摊铺厚度小于30 cm,并碾压密实。设计院给出的建议技术参数为:碎石含量(质量)35%,土质黏粒含量15% ~ 30%,压实度不小于0.98,碎石级配5 ~ 20 mm。旁站监理人员要对碎石掺和进行旁站。

(2)根据土方填筑原则,每班土料碾压成型,且做到等高程均匀上升;分段碾压时,相临两段交接带碾迹彼此搭接,垂直碾压方向搭接带宽度不小于0.5 m;顺碾压方向搭接宽度不小于3 m;其相邻高差不大于3 m,搭接横坡坡比不大于1:3,纵坡坡比不大于1:2。

(3)因气候干燥而造成土层表面水分蒸发较快时,为确保上、下层间的结合,在上一层土料摊铺前,洒水予以湿润,保持含水率在控制范围以内;在新层铺料前对碾压光面层做刨毛处理,刨毛深度3 ~ 5 cm;如需长时间停工,则铺设保护层,复工时予以清除,并经监理人员验收后,方可进行后续工序施工。

(4)为确保碾压质量,施工队要安排专人跟班、跟机控制铺料厚度、碾压遍数及预防漏压、过压现象。作业面分层统一铺上、统一碾压,并配备人员或平土机具参与整平作业,严禁出现界沟。

(5)碎石土压实度和填料含水量要满足设计要求。

(6)采用灌水法进行试验取样检验。

①施工单位每完成一道工序及每个单元,经过"三检",并进行详细记录。

②"三检"合格后,由施工单位将"三检"资料报监理,由监理组织复核检验,上道工序或上一单元工程经复核检验合格后,方可进行下道工序或下一单元工程施工。

③跟踪检测:对施工单位每次土样的取样、送检都进行全程跟踪检测。

④平行检测:在施工单位检测的基础上,监理部对所有的试验和检测项目抽取不低于30%的样本进行平行检测,以保证施工质量。基础回填施工单位每层抽检3个点检测压实度,监理部每层抽检1个点进行压实度检测。

⑤监理旁站:监理部对重要隐蔽单元的施工全过程实行全过程旁站监理,时刻检查,控制施工质量,避免发生质量问题。

(7)安全与环境保护监理工作要点。

要求施工单位人员进入施工现场必须戴好安全帽,戴好防护用品。要求施工前检查机械线路是否符合要求,用电保护接地良好,各传动部件均正常方可施工。打夯机作业时,电缆线保证有3～4 m的余量。作业完工后切断电源,卷好电缆线,做好清洁保养工作。提醒施工单位维修或作业间断时切断电源。回填土时,注意边坡变化,有异常情况及时发现,并加强自我保护意识,避免安全事故。

## 十二、水土保持与环境保护工程施工过程监理

### (一)工作重点

(1)审查施工单位现场的环境保护组织机构专职人员、水土保持措施及相关制度的建立,是否符合要求。施工单位在提交施工总布置设计文件的同时,要提交施工期的环境保护和水土保持措施计划,报监理单位批准,其内容包括:

①施工单位生活区的生活用水和生活污水处理措施。

②施工生产废水(如基坑废水、混凝土生产系统废水、机修废水等)处理措施。

③施工区粉尘、废气的处理措施。

④施工区噪声控制措施。

⑤固体废弃物处理措施。

⑥人群健康保护措施。

⑦环保工程及临时设施的施工人员配备及施工进度计划等。

⑧本工程存料场、弃渣场的挡护工程、坡面防护和排水工程。

⑨施工辅助生产区(如混凝土的生产区等)、施工生活营地等所有场地周边的截、排水措施,开挖边坡支护措施等。

⑩施工开挖、填筑裸露边坡防护措施。

⑪完工后场地清理及农田复耕和植被恢复措施。

(2)督促施工单位与当地环境保护保部门建立正常的工作联系,了解当地的环境保护要求和相关标准,取得当地环境保护部门的支持。

(3)督促施工单位必须遵守有关环境保护和水土保持的法律、法规和规章,并按照合同技术条款的有关规定,做好施工区及生活区的环境保护与水土保持工作。

(4)督促施工单位对划定的施工场地界线附近的树木和植被必须尽力加以保护。不得让有害物质(如燃料、油料、化学品、酸等以及超过剂量的有害气体和尘埃、污水、泥土、弃渣等)污染施工场地及场地以外的土地和河川。

(5)施工过程中监理工程师对施工单位环境保护措施进行跟踪检查,对环境保护、环境保护工程项目进行检查及验收。

### (二)临时设施的环境保护

#### 1.进场道路的环保

进场道路的环保包括施工单位与监理部的临时驻地或临时施工现场。进场道路两侧排水沟需定期进行清理和维护,确保排水通畅,不稳定边坡应设立警示标志。

2.临时堆土场和弃土场

弃土需堆放到指定的范围,防止弃土乱堆乱弃,沿山体一侧修筑截水沟汇集弃土场和山体来水,在排水汇流处修建沉沙设施,澄清后与周边排水系统相连,避免泥水直排江中。

3.供水

生活用水必须符合国家有关饮用水标准的要求。必须送有关单位化验,合格后方可饮用。

4.生活污水

(1)临时驻地必须建有化粪池或其他满足使用要求的系统,并予以管理维护至合同终止。此化粪池或系统,用于汇集与处理由临时驻地的住房、办公室及其他建筑物和流动性设施中排放的污水。

(2)污水处理系统的位置、容量均能够满足正常使用的需求。

(3)每一处临时施工现场均备有临时污水处理设施,对清洗拌和物、砂石料的污水处理,不得直接排出施工现场以外的地方,不得直接排入就近河道影响当地居民的生活用水。

5.垃圾处理

(1)临时驻地产生的一切垃圾必须每天有专人负责清理并集中处理,临时施工现场产生的施工垃圾必须当班清理并集中处理,以保证作业现场整洁卫生。垃圾管理工作进行至工程竣工交验后为止。

(2)修建临时工程尽量减少对自然环境的损害,在竣工拆除临时工程后,恢复原来的自然状态。

6.扬尘控制

(1)拌和站:对可能产生扬尘的细粉料拌和作业,以使作业产生的扬尘减至最低程度。

(2)对易引起扬尘的材料运输车用篷布遮盖。

(3)料场:对易引起尘害的细粉料堆予以遮盖或洒水降尘。

(4)临时施工便道要洒水以保持湿润,避免扬尘。

7.噪声控制

施工机械噪声对附近居民的影响超过国家标准时,采取降噪措施或调整作业时间或调整施工机械,做好施工机械与运输车辆的维护和保养,使其保持良好的运行状态,保持机械润滑,降低运行噪声。

8.施工中主要防治措施

(1)砂石料场及时洒水;沙石装卸时尽量降低落差。施工人员配有防尘用具,以保护工人健康。

(2)砂石料冲洗废水其悬浮物含量大,需建沉淀池,悬浮物进行沉淀后排放。

(3)混凝土养护可以直接用塑料薄膜或塑料溶剂喷刷在混凝土表面,待溶液挥发后,与混凝土表面结合成一层塑料薄膜,使混凝土与空气隔离。

(4)施工前明确开挖范围,明确弃渣场的范围。弃渣在指定范围内严格按照施工技术要求进行堆置。

(5)预防表层土流失。剥离表层土,不用于本地恢复的,直接覆盖至可供耕作的其他地面;用于本地恢复的,移至他处堆存,堆放地宜相对低凹、周围相对平缓,并设置排水设施。

(6)将弃土、弃渣于指定地点堆放,并采取防护措施。公路边的临时零星弃渣,在公路封闭前处理完毕,以免公路全封闭后,难以清理。

(7)向周围生活环境排放废气、尘土,符合国家规定的《环境空气质量标准》(GB 3095—2012)。

(8)土方开挖回填时避开雨季,雨季来临前将开挖回填、弃方的边坡处理完毕。在雨水地面径流处开挖路基时,及时设置临时土沉淀池拦截,待路基建成后,及时将土沉淀池推平,进行绿化或还耕。

(9)及时设置排水沟及截水沟,避免边坡崩塌、滑坡产生。

(10)料场开挖最终边坡满足边坡稳定要求:采挖边坡坡高$H \leq 4$ m时,采挖边坡比控制在1:1以下;采挖边坡坡高$H > 4$ m时,采挖边坡比控制在1:1.5左右;高边坡设马道和排水沟。

(11)施工结束后,要求清理所有施工建筑垃圾,并平整施工场地和取土场。

(12)水泥混凝土的搅拌、运输、振捣、摊铺等作业中防粉尘、防噪声(振动)措施同前。

(13)对于不可避免的河道及河岸开挖工程,要明确并严格控制开挖界限,不得任意扩大开挖范围,将受影响的两栖动物环境控制在最小范围。

**(三)水土保持**

(1)施工单位修建临时施工道路、征地或租用土地要取得当地环保、水保部门的批准,办理相关环境保护、水土保持手续。

(2)修建过程中对树木的砍伐,要办理相关手续。

(3)对原地形地貌的破坏,施工完成后必须予以恢复。

(4)临时便道的修建,如对地表水系造成影响,施工中必须采取相应的保护措施,施工结束后对原来的地表水系要予以恢复。

(5)施工弃渣不得弃入河道内,不得影响现有地表水系,应集中在指定弃渣场地。

(6)施工中取土及弃渣应在设计文件中指定的位置,工程开工前,办好相关的征地手续。

(7)施工取土场及弃渣场要建立良好的排水系统,弃渣场挡护结构符合设计文件的规定,先砌后使用。

(8)施工结束后,根据周边地貌特点,对取土场予以恢复,在取土场及弃渣场周围,按设计要求进行地表绿化。植树质量要求当年成活率在85%以上(春季造林,秋后统计;秋季造林,第二年秋后统计),种草要求成活株丛密度达到30株丛/m²为合格。

(9)施工中尽量保护当地水系,如有破坏,采取工程措施予以恢复,防止地表水土流失或造成堵塞,排泄不畅。

**(四)工作方法**

1.巡视与指令

(1)监理工程师经常对施工现场进行巡视,了解各项环境保护与水土保持措施的落实状况。对重点工序或重点施工地段,进行检查,了解环境保护进展。

（2）对巡视中发现的问题,及时下达监理工程师通知,指令施工方改正,并对整改结果进行复查。

2.设计文件中的环境保护项目按设计要求进行验收

（1）堤基边坡植草及地表排水系统。

（2）弃渣场挡墙的砌筑及岸坡防护。弃渣场、取料场的植被绿化。

3.施工弃渣的治理

监理根据合同规定指导施工单位做好施工弃渣的治理工作,保护施工弃渣场边坡及开挖边坡的稳定,防止开挖弃渣冲蚀河床或淤积河道。严禁向河床内弃渣。

**（五）主要措施**

（1）如施工单位不遵守国家或地方的有关环境保护的法律法规,或违反本合同的有关规定,造成环境污染或破坏,监理有权责令施工单位限期进行整改,并视其情节对施工单位通报批评。

①情节轻微者,监理可对施工单位予以通报批评,并由施工单位向项目法人支付1万~10万元违约金。

②累计三次因环保问题被项目法人通报批评,或情节严重者,可以根据签订的《环境保护和水土保持合同》终止其合约。

（2）环境保护与工程主体同步验收,环境保护不达标工程不予验收。

（3）经济措施。工程量清单中技术措施费列有环境保护费用,如水土保持达不到要求,监理工程师对该项费用不予计价支付。

## 十三、旁站监理

### （一）旁站监理人员的培训与考核

组织现场监理人员学习各工序旁站监理的规程和检查方法,对他们进行旁站监理重要性和必要性的教育,增强他们对旁站监理工作的认识和工作责任感。首先,对将要上岗的现场监理员进行岗前培训,使他们清楚了解设计意图、施工工序、工艺和控制要点,以及对应的检查手段、判断标准、方法和可能出现的问题。通过系统培训后,一方面可使旁站监理人员对旁站监理工作有清楚的认知,工作起来有的放矢、重点突出,达到事半功倍的效果,另一方面也可有效避免过去常出现的问题。尤其要注意培养监理员对潜在合同争议的基本数据和资料的收集、归档方面的技能。

在岗前培训结束时,在项目工程师的协助下,由总监理工程师对各位旁站监理人员进行考核（包括理论方面和现场实践方面,必要时可以加入浅显的案例分析等）,只有考核合格的人员方能进入本工程的现场监理队伍执行旁站监理工作。

旁站监理人员上岗初期,根据项目工程师的统一安排,在值班工程师的带领下到现场实施旁站监理,并由值班工程师在施工现场实地示范旁站监理工作的程序、方法和工作内容,并结合工程施工实际情况示范如何抓住旁站监理工作的重点和关键点。

另外,在工作期间,项目工程师和总监理工程师还将根据现场监理工作的实际情况不断地对旁站监理人员进行专业知识培训和考核,以不断提高旁站监理人员的专业水平。

**(二)授权**

在项目执行初期,总监理工程师将发布对各级监理人员的授权,其中包括对旁站监理人员的授权,其主要内容为现场第一线的跟踪检查和监督以及对现场施工过程中日常事务的处理,并收集直接数据、资料和证据。

**(三)信息(报告)收集**

旁站监理人员将根据对其授权的权限,积极处理现场施工过程中的日常事务,及时向值班工程师汇报并做好相关记录。对于自己权限范围以外的事情,在第一时间通过各种可能的途径向值班工程师或项目工程师报告,并根据他们的任何决定和意见予以贯彻执行,同时做好相关记录。

**(四)现场交接班**

旁站监理人员必须在现场将施工过程中的日常事务处理情况及相关记录进行交接,在下一班旁站监理人员未接手之前,上一班旁站监理人员不得随意离开工地现场。

**(五)阶段性总结**

每位旁站监理员根据项目工程师和总监理工程师的要求,定期进行阶段性总结,包括周、月、季、年等。阶段性总结中至少包括如下内容:

(1)本阶段的旁站监理工作范围和内容。

(2)本阶段旁站监理工作中出现的主要问题及处理措施和结果。

(3)本阶段旁站监理过程中已出现而未解决并仍需关注的问题及处理建议。

(4)现场旁站监理工作中仍有待完善的问题及建议。

**(六)监督**

建立完善的监督机制,项目或专业工程师对监理员的旁站监理工作进行监督和检查,为了保证所有应该旁站监理工序的每一步作业都得到规范化的有效控制,项目或专业工程师在当班结束时应对旁站监理员的旁站监理记录签字确认。同时,各项目工程师或总监理工程师将对旁站监理情况及旁站记录进行不定期的抽查,发现问题督促整改,情节严重的按照制度规定予以处罚。

**(七)绩效考核**

将现场监理员旁站监理的工作情况作为监理员绩效考核评价的一个重要要素,绩效考核的结果将作为监理员的现场津贴、奖金分配和岗位升迁的主要依据。

**(八)旁站监理人员的工作职责**

旁站监理在专业监理工程师的指导下,由现场监理员负责具体实施,旁站监理人员的主要职责是:

(1)检查施工单位现场质检人员到岗、特殊工种人员持证上岗以及施工机械、建筑材料准备情况。

(2)在现场跟班监督关键部位、关键工序的施工执行施工方案以及工程建设强制性标准情况。

(3)核查进场建筑材料、建筑构配件、设备和商品混凝土的质量检验报告等,并可在现场监督施工单位进行检验或者委托具有资格的第三方进行复验。

(4)做好旁站监理记录和监理日记,保存旁站监理原始资料。

（5）旁站监理人员认真履行职责，对需要实施旁站监理的关键部位、关键工序在施工现场跟班监督，及时发现和处理旁站监理过程中出现的质量问题，如实准确的做好旁站监理记录。凡旁站监理人员和施工单位现场质检人员未在旁站监理记录（见附件）上签字的，不得进行下一道工序施工。

（6）旁站监理人员实施旁站监理时，发现施工单位有违反工程建设强制性标准行为的，有权责令施工单位立即整改；发现其施工活动已经或者可能危及工程质量的，及时向监理工程师或总监理工程师报告，由总监理工程师下达局部暂停施工指令或者采取其他应急措施。

（7）旁站监理记录是监理工程师或者总监理工程师依法行使有关签字权的重要依据。对于需要旁站监理的关键部位、关键工序施工，凡没有实施旁站监理或者没有旁站监理记录的，监理工程师或者总监理工程师不得在相应文件上签字。在工程竣工验收后，监理企业将旁站监理记录存档备查。

**（九）旁站监理的主要工作内容和质量控制方法**

*1.旁站监理质量控制办法*

本工程主要包括：

（1）闸室段基础碎石土填筑。

（2）建筑物周边土方填筑。

*2.旁站监理机构设置*

监理单位拟设置一个现场监理组分别对上述项目进行旁站监理，具体的旁站监理人员根据现场施工布置和工作面需要，由各现场监理组在实施过程中按照旁站监理工作要点执行。

*3.旁站监理职责*

（1）旁站监理人员要清楚待回填基面的清基质量和压实度是否符合设计要求。

（2）在碎石土回填中，旁站监理人员要做好如下工作：

①先进行清基及压实，清除表层土，一般厚30 cm，清理范围为闸底板设计基面边线外50 cm，基础清理完成后进行碾压。回填范围内的坑、沟、槽等，按土方回填的技术要求进行回填处理。第一层土料摊铺厚度小于30 cm，并碾压密实。设计院给出的建议技术参数为：碎石含量（质量）35%，土质黏粒含量15%~30%，压实度不小于0.98，碎石级配5~20 mm。旁站监理人员要对碎石掺和进行旁站。

②根据土方填筑原则，每班土料碾压成型，且做到等高程均匀上升；分段碾压时，相临两段交接带碾迹彼此搭接，垂直碾压方向搭接带宽度不小于0.5 m；顺碾压方向搭接宽度不小于3 m；其相邻高差不大于3 m，搭接横坡坡比不大于1:3，纵坡坡比不大于1:2。

③对因气候干燥而造成土层表面水分蒸发较快时，为确保上、下层间的结合，在上一层土料摊铺前，洒水予以湿润，保持含水率在控制范围以内；在新层铺料前对碾压光面层做刨毛处理，刨毛深度3~5 cm；如需长时间停工，则铺设保护层，复工时予以清除，并经监理人员验收后，方可进行后续工序施工。

④为确保碾压质量，施工队要安排专人跟班、跟机控制铺料厚度、碾压遍数及预防漏压、过压现象。作业面分层统一铺上、统一碾压，并配备人员或平土机具参与整平作业，严

禁出现界沟。

⑤碎石土压实度和填料含水量要满足设计要求。

（3）在建筑物周边土方填筑中，旁站监理人员要做好如下工作：

①回填前对各种建基面均要经过验收合格才能填筑；建筑物周围的回填要待混凝土强度达到设计强度的70%且龄期超过7 d后方可填筑。

②距离建筑物侧墙0.5 m及顶板1.5 m范围内的填土，必须薄层填筑和使用轻型机具压实或人工夯实，侧墙两侧就同步进行；侧墙周边填土时，混凝土表层涂刷黏土浆，随刷随填。

③土方填筑前要进行碾压试验，确定压实土料的最优含水量及其他施工参数。人工夯实时，采用连环套打法。

（4）混凝土浇筑施工旁站监理。

①旁站监理范围。本工程主要包括建筑物混凝土工程。

②旁站监理机构设置。监理单位拟设置一个现场监理组对上述项目进行旁站监理，具体的旁站监理人员根据现场施工布置和工作面需要，由各现场监理组在实施过程中按照旁站监理工作要点执行。

③旁站监理职责。

A.浇筑前准备阶段的职责

在混凝土仓面验收合格具备浇筑条件后，在混凝土开始浇筑前，旁站监理人员逐项检查浇筑准备工作是否到位，以决定是否同意开仓浇筑，主要检查项目如下：

a.检查仓面工艺设计是否已经批准，无批准的仓面工艺设计不允许开仓浇筑。

b.检查承包人申报的仓面浇筑混凝土配合比是否已经经过监理人批准，混凝土的种类、强度、级配、入仓温度要求及其他各项控制指标是否满足合同的要求；检查承包人为拌和楼开具的混凝土配料单是否正确。

c.检查仓面浇筑设备：平仓机械、振捣设备的数量和完好情况能否满足浇筑仓面的需要，风、水、电是否已经安排好，不满足浇筑要求时不允许开仓浇筑。

d.检查混凝土生产系统：拌和楼是否正常，生产强度能否满足仓面覆盖的需要，砂石骨料、水泥、煤灰、外加剂的储量能否满足仓面浇筑的需要，生产强度不能保证时不允许开机生产混凝土。

e.混凝土运输设备：检查缆机、运输车辆的状况以及运输能力能否满足仓面浇筑强度要求，强度不能保证时不允许开仓浇筑。

f.施工作业人员：检查主要施工人员，如机械操作手、振捣工、模板工、安全监护人员、仓面指挥人员到位情况。

g.质检人员：检查施工质量控制"三检"人员到场情况，"三检"人员不齐不允许开仓浇筑，检查试验人员到位情况。

h.检查仓面周边的水流是否已经进行了有效的控制，不会影响仓面的浇筑质量。

B.浇筑过程的旁站监理职责

在浇筑准备工作检查合格并同意开仓浇筑后，旁站监理人员要对整个浇筑过程实行全程现场跟踪监督，对浇筑过程中影响浇筑质量的每一个细部环节进行严密监控，旁站监理人员的职责如下：

a.检查岩面或老混凝土面的润湿情况，干燥的部位在摊铺接触层前要求承包人洒水湿润并将多余的积水清除，地下渗水要求集中引排出仓面。

b.检查接触层砂浆或细石混凝土的摊铺：要求砂浆或细石混凝土均匀摊铺，厚薄一致；砂浆摊铺范围不能一次太大，防止不能及时覆盖而初凝，影响层间结合，对已经初凝的砂浆或细石混凝土要求承包人清除后重新摊铺新的砂浆或细石混凝土。

c.仓面卸料、平仓检查：浇筑从最低处开始，卸料卸在最低处，控制卸料高度在1.5 m以内；禁止在未振捣的混凝土面上卸料；卸料后平仓前检查混凝土的入仓温度，温度超标时要求将超标的混凝土挖除；对混凝土的外观质量如颜色、和易性进行检查，发现问题及时要求承包人处理；检查卸料后骨料分离情况，对集中的粗骨料要求施工承包人在平仓时分散开，无平仓机械时要求人工分散，绝不允许集中的粗骨料掩埋在混凝土内，对振捣后集中的骨料人工挖除；检查控制浇筑层厚，防止层厚超标，对层厚超标的要求削薄到规定厚度后再振捣。

d.要求施工承包人及时清除仓面泌水。

e.检查振捣情况：要求按照一定的顺序振捣，控制振捣棒的插入间距，防止漏振，检查振捣棒的插入深度，要求深入下层混凝土5 cm，检查振捣时间，防止过振和欠振，以振捣到表面泛浆，无大气泡溢出为止；禁止振捣棒倾斜拖动混凝土。

f.检查仓面预埋件的保护情况，包括波纹管、止水带、止浆片、钢筋、灌浆预埋管和其他预埋件，防止损坏，出现损坏时监督承包人立即修复；检查仓面埋设的仪器保护情况，出现损坏立即报告监测人，督促施工承包人配合做好修复补救工作。

g.检查模板变形情况：发现模板出现变形趋势时及时采取补救措施。

h.检查仓面各分区部位浇筑的混凝土种类、级配是否正确，出现错误时现场要求施工承包人立即改正，并将浇筑错误的混凝土清除；检查浇筑层面是否出现初凝，已经初凝的要求停仓处理。

i.督促施工承包人按合同的要求完成仓面取样。

j.小到中雨浇筑时，判断雨量大小对浇筑质量的影响，并有权指令施工承包人对混凝土进行覆盖保护或者停止浇筑。暴雨时，要求承包人立即停止浇筑并对仓面进行覆盖，雨停后根据仓面混凝土情况决定是否恢复浇筑：若仓面出现初凝，则停止浇筑；若仓面未初凝，则监督施工承包人在面层摊铺薄层砂浆后恢复浇筑。阳光强烈时，督促施工承包人及时对仓面进行覆盖，防止表面假凝；对已经出现假凝的部位，将表层清除后再允许继续浇筑。

# 第五节　监理效果

## 一、质量控制监理工作成效

监理部通过旁站、巡视等方式，实行主动监理，督促施工单位将质量控制措施落到实处，取得了较好的成效。本项目工程共有2个单位工程，其中永年县借马庄泄洪闸重建工程共分7个分部工程,工程质量全部合格,无优良分部工程,未发生质量事故,工程外观质量得分率为91.8%;借马庄泄洪闸管理房工程共分1个分部工程,工程质量全部合格,无优良分部工程,未发生质量事故,工程外观质量良好。施工质量检验与评定资料基本齐全,工程施工期观测结果符合国家和行业标准及合同约定的标准,工程质量等级评定为合格。

## 二、进度控制监理工作成效

工程实际开工工期为2016年11月1日,完工日期为2019年6月31日。监理部审核施工进度计划,提醒施工单位对于关键工序、关键施工线路的控制,发现施工单位的劳动力、工器具配置不足时立即责令其添加,发现其进度偏差时建议施工单位加班加点赶工,采取了相应的组织措施及管理措施,取得了较好的成效。

## 三、资金控制监理工作成效

本工程所有支付项目均以施工单位的计算为依据,监理工程师逐项审核,监理部对投资进行了有效的控制。

## 四、施工安全监理工作成效

监理部组织参建单位对施工现场进行安全专项联合检查,督促施工单位落实各项安全措施,对安全生产进行了有效的控制。本工程未发生安全事故。

## 五、文明施工监理工作成效

为创建文明工地,建设处、施工项目部、监理部都安排专人负责,通过各参建单位的不懈努力,无论在施工现场、内业资料还是在外围气氛上,都能感受到文明工地的强烈氛围。

# 第四章　政府工程质量监督的监理配合工作

## 第一节　工程质量评价意见

### 一、质量监督实施办法及手段

质量监督机构采取以抽查为主的监督方式,对永年县借马庄泄洪闸重建工程实施质量监督。

(1)按照监督程序要求,开工前,邯郸市借马庄泄洪闸重建工程建设处与邯郸市水利工程质量监督站签订了"工程质量监督书",接受其监督。

(2)质量监督机构对该工程的监理、设计、施工单位资质进行审查,并对施工合同协议的签订跟踪监督,明确了工程拟达到的质量等级,明确了工作程序和要求。

(3)为了进一步落实工程拟达到的质量等级,质量监督机构编制了"永年县借马庄泄洪闸重建工程质量监督计划"。

(4)检查建设各方的质量管理和保证体系,填写了"参建单位质量保证体系检查登记表",并派出质量监督人员对建设各方的质量保证体系等进行全面核查,主要包括质检机构设置、人员配备、制度制定、质检资料和质检设备、施工技术条件等。

(5)质量监督机构经常同项目法人、监理单位人员一起到工地监督检查,按照施工进度计划适时检查施工质量,及时同项目法人、监理人员共同抽检,对发现的问题,通过监理工程师或施工单位质检人员及时解决处理,以避免工程质量隐患或造成损失。

(6)抽查中间产品和原材料的合格证书、试验报告,并见证监理取样,现场试验或到指定监测单位检测。

### 二、项目划分确认

根据水利部《水利水电工程施工质量检验与评定规程》(SL 176—2007)的规定,由监理单位组织建设、设计及施工单位共同研究,报质量监督机构确认,确定如下:该工程划分为2个单位工程,8个分部工程,1个防碳化专项工程。

### 三、工程质量检测

质量监督机构采取以抽查为主的质量监督方式,运用现场检查抽查试验等检测手段,开展质量监督工作。施工过程中,积极监督工程施工质量与施工程序,在核检工序点的基础上,对施工单位单元评定、工程施工原始记录及各分部工程质量核验等资料抽查核验;通过检查,本工程施工程序合法,并严格按照招标文件及其他合同要求进行,施工单位自检方法正确,施工质量检验资料齐全,监理抽检、复核签证等符合检查频次要求,原材料及中间产品质量全部合格。

**(一)原材料质量检测**

原材料进场后首先进行抽样复检,施工单位按照规范要求的批次进行抽样自检,监理采用跟踪和平行相结合的方式对材料抽样,工程施工过程中所使用的原材料全部合格,无未经检验或检验不合格的材料在工程中使用。工程所使用的原材料均为检验合格后的产品,具体检验情况为:

施工单位自检:水泥检测10组,合格率100%;钢筋检测10组,合格率100%;砂子检测6组,合格率100%;碎石检测4组,合格率100%;粉煤灰2组,合格率100%;混凝土抗压试块76组,合格率100%;抗渗试件1组,合格率100%;抗冻试件1组,合格率100%;砂浆抗压强度试件1组,合格率100%;土方回填及碎石土共检测1 475组,合格率100%。

监理单位检测:混凝土抗压试块11组,合格率100%;砂浆抗压强度试件1组,合格率100%;抗渗试件1组,合格率100%;抗冻试件1组,合格率100%;土方回填及碎石土共检测109组,合格率100%,均满足规范和设计要求。

**(二)外观评价**

建筑物轮廓尺寸符合设计要求,浆砌石砌体基本平整,勾缝基本密实,砌体美观。混凝土基本光滑平整,无蜂窝麻面。单位工程外观质量全部评定为合格,外观质量得分率为:外观质量评定得分109.3分,得分率91.8%。

# 第二节　质量核备与核定

该工程2个单位工程、8个分部工程质量全部合格并经质量监督机构核备。

# 第三节　工程质量事故和缺陷处理

无。

# 第四节　工程质量评价意见

通过对本工程的质量监督检查,2个单位工程质量等级为合格,合格率100%。根据水利部《水利水电工程施工质量检验与评定规程》(SL 176—2007),该项目质量等级为合格。

# 第五章　工程验收监理工作

## 第一节　验收工作概述

工程验收是合同项目工程建设中的重要程序,施工单位重视并做好施工过程中工程资料(包括工程施工质量检查和检测试验资料、材料和设备等检查试验资料、工序和单元工程验收签证资料、质量等级评定资料等)的收集、整理和总结工作,建立健全的技术档案制度,以确保工程验收的顺利进行。

各类验收工作均及时进行,工程经验收合格后才能进行后续阶段的施工,未经验收或验收不合格的工程,不能列入完工项目和进行工程结算。合同项目工程全部完工后,施工单位必须在合同或验收规程限定的时间内,申请该合同项目竣工验收。凡因施工单位未按规定时限申请工程验收而造成工程验收延误,由此引起的一切合同责任和经济损失,均由施工单位承担。

### 一、工程验收工作的主要依据

(1)工程施工合同文件。

(2)经总监理工程师签发的工程设计文件,包括设计图纸、设计变更、修改通知等。

(3)国家和部门颁发的现行法规、规程规范、标准。

(4)项目法人单位制定的有关工程建设和验收的规定。

### 二、工程质量验收与评定组织

(1)各工序的检查验收和一般单元工程的验收和签证,由监理工程师负责进行。

(2)重要单元工程(涉及隐蔽工程、关键部位和重要工序)的检查验收签证,由监理部组织设计、施工和项目法人参加的联合验收小组进行联合验收;分部分项工程的验收,由项目法人或监理部组织参建各方参加的联合验收小组进行验收。

(3)单位工程验收、合同项目工程的竣工验收,由项目法人主持并组织验收委员会(或验收领导小组)进行。验收委员会(或验收领导小组)由项目法人、设计、监理、施工单位和其他有关单位、部门的代表组成。监理部协助项目法人进行工程验收的组织工作。

### 三、工程验收的程序

(1)工序验收和单元工程验收,是所有后续各项验收的基础,施工单位和监理工程师按规定的程序和要求,认真做好工序和单元工程的验收签证工作。

(2)各类验收的一般程序为:施工单位经过自检,认为已达到相应的验收条件要求,并做好各项验收准备工作,即可按合同文件和各方协商确定的时限,向监理部或项目法人提交验收申请。监理部在接到验收申请,在规定的时间内对工程的完成情况、验收所需资料和其他准备工作进行检查,必要时组织初验,经审查认为具备验收条件后,除工序验收和一般单元工程由监理工程师验收签证外,其余均组织相应的验收委员会(验收小组)进行验收。

(3)施工单位申请工程验收时,提交的工程验收资料,包括施工管理报告以及质量记录、原材料试验资料、质量等级评定资料、检查验收签证资料等。单位工程验收和合同工程完工验收前,监理部提交相应的监理工作报告。

(4)各种验收均以前一阶段的验收签证为基础,相互衔接,依次进行。对前阶段验收已签证部分,除有特殊情况外,一般不再复验。

(5)工程验收中所发现的问题,由验收委员会(验收小组)与有关方面协商解决,验收主持单位对有争议的问题有最终裁决权,同时对裁决意见负有相应的责任。对验收中遗留的问题,各有关单位按验收委员会(验收小组)的意见按期处理完成。

(6)建筑物已按合同完成,但未通过竣工验收正式移交项目法人单位以前,由施工单位管理、维护和保养,直至竣工验收和合同规定的所有责任期满。

# 第二节　具体验收情况

## 一、工序和单元工程检查验收

(1)工序验收是指按规定的施工程序、在下道工序开工前,对所有前道工序所完成的施工结果进行的验收。其目的是确保各工种每道工序都能按规定工艺和技术要求进行施工,判断下一道工序能否进行施工,并对工序质量等级进行评定。有关工序验收的程序、检查内容、质量标准、验收表格等,按各专业监理细则或专业监理工程师制定相应"验收办法"执行。对于施工过程相对简单的项目,工序验收也可和单元工程验收合并进行。

(2)工序验收均在施工现场进行,首先必须经施工单位"三级质检"合格后,填写好三级质检表,交监理工程师申请工序验收。监理工程师在接到验收申请后的8 h以内赴现场对工序进行检查验收,特殊情况(如控制爆破的装药和连网)则在现场立即进行检查验收。在确认施工质量和原材料等符合设计要求后签发开仓(开钻、开灌)证,允许进入下道工序施工。

(3)单元工程验收以工序检查验收为依据。只有在组成该单元工程的所有工序均已完成,且工序验收资料、原材料材质证明和抽检试验成果、测量资料等所有验收资料都齐全的情况下,才能进行单元工程验收。各种单元工程验收所需的"三检"表,质量检查和评定表、施工质量合格证的试样,按有关专业监理工作要点或监理工程师编制的"验收办法"。

(4)一般单元工程由专业监理工程师或项目施工监理部会同施工单位"三级"质检人员进行验收和质量评定。通常单元工程验收和质量评定,可配合月进度款结算每月进行一次。未经验收或质量评为不合格的单元工程,不给予质量签证。对于当月评为不合格的单元工程,施工单位按监理工程师的处理意见(必要时还应征求设计的意见)进行处理。处理完毕,经监理工程师验收合格,填写缺陷处理验收签证,则该单元工程可列入下个月验收的范围内。

(5)隐蔽工程、关键部位或重要单元工程的检查验收,需特别给予重视,其验收程序如下:

①基础验收参见基础验收监理工作要点。

②其余隐蔽工程、关键部位或重要单元工程的检查验收,由监理部组织设计、项目法人、施工单位有关人员组成的验收小组进行验收和质量评定,施工单位"三级质检"合格后,填写好三级质检表,填报验收申请报监理部申请验收。监理部在接到验收申请后,审查工序验收资料、原材料材质证明和抽检试验成果、测量资料等是否符合要求,如符合要求,则组织联合验收小组进行现场检查及验收签证。

(6)对于有质量缺陷或发生施工事故的单元工程,记录出现缺陷和事故的情况、原因、处理意见、处理情况和对处理结果的鉴定意见,作为单元工程验收资料的一部分。出现质量缺陷,或发生质量事故的单元工程质量,不得评为优良。

(7)对于出现质量事故的单元工程,则按照事故处理程序的有关规定执行,在最终完成质量事故处理后,由项目法人主持召开质量事故处理专题验收会,验收合格,由专题验收组会签"质量事故处理专题验收签证书"。

(8)单元工程验收资料的原件、复印件份数及其移交时间等,项目法人资料室的归档按要求执行。

## 二、分部分项工程验收

(1)分部分项工程验收签证是工程阶段验收、单位工程及合同项目工程竣工(交工)验收的基础。分部、分项工程验收具备的条件是该分部、分项工程所有单元工程全部完建且质量全部合格。当合同项目施工达到某一关键阶段,在进行阶段(中间)验收前,项目法人或监理部及时组织联合验收小组,主持分部分项工程的验收签证工作。

(2)分部分项工程检查验收的主要任务是检查施工质量是否符合设计要求,并在单元工程验收基础上,按有关规程和标准评定分部、分项工程质量等级。

(3)分部分项工程验收前,施工单位至少提交以下资料:

①分部分项工程的竣工图纸、设计要求和变更说明。

②施工原始记录、原材料和半成品的试验鉴定资料和出厂合格证。

③工程质量检查、试验、测量、观测等记录。

④单元工程验收签证及质量评定资料。

⑤施工单位对分部分项工程自检合格的资料。

⑥特殊问题处理说明书和有关技术会议纪要。

⑦其他与验收签证有关的文件和资料。

(4)上述验收资料需经监理工程师审查,施工单位在限定的时间内,按照审查意见完成资料的修改、补充和完善,并编写施工报告,报告内容包括(但不限于):

①工程概况,其中包括施工条件等。

②施工依据。

③施工概况,包括施工总布置。施工方法、施工进度等。

④施工质量保证措施,包括测量放样、河道清淤、土方开挖、土方回填、浆砌石砌筑、混凝土浇筑等质量保证措施。

⑤施工质量评价,包括对单元工程的检测试验成果分析和单元工程质量评定以及分部分项工程质量自评结果。

⑥完工工程量清单。

⑦尾工项目清单。

(5)施工单位在完成验收资料整理和施工报告编写之后,即向项目法人或监理部提交分部分项工程验收申请报告,并提交施工报告和全部验收资料。

(6)项目法人或监理部在接到施工单位的验收申请之后,及时做好对资料的再审查,组织联合验收组进行现场检查,并主持进行分部分项工程验收签证。

(7)联合验收组进行现场检查的主要内容有:

①建筑物部位、高程、轮廓尺寸、外观是否与设计相符。

②建筑物运行环境是否与设计情况相符。

③各项施工记录是否与实际情况相符。

④建筑物是否存在缺陷,施工过程中出现质量缺陷或事故处理是否符合要求。

(8)分部、分项工程验收鉴定书,正本一式8份,除送交项目法人、监理单位各1份外,其余6份暂存施工单位,作为阶段验收、单位工程和竣工验收资料的一部分。

(9)对分部分项工程验收的有关资料和签证书,施工单位及监理部按项目法人要求进行归档。

## 三、单位工程验收

(1)当单位工程在合同竣工前已经完建,能独立发挥效益,或项目法人要求提前投入运行时,进行单位工程验收,并根据验收要求继续由施工单位照管与维护,或办理提前使用和资产移交手续。

(2)申请单位工程验收必须具备以下条件:

①该单位工程已按合同文件、设计图纸的要求基本完成,并已完成了分部、分项工程验收,质量符合要求,施工现场已清理。

②设备的制作安装经调试和试运行,安全可靠,符合设计和规范要求。

③观测仪器、设备均已按设计要求埋设,并能正常观测。

④工程质量缺陷已经妥善处理,能保证工程安全运行。

⑤少量尾工已妥善安排。

⑥生产(使用)单位已做好接收、运行准备。

⑦有关验收的文件、资料齐全。

(3)单位工程验收前28 d,施工单位向项目法人和监理部提交单位工程验收申请报告,同时提交下列验收文件资料:

①施工报告。

②竣工图纸和设计文件。

③试验、质量检验、测量成果、调试与试运行成果和主要原材料、设备的出厂合格证、技术说明资料。

④隐蔽工程、分部分项工程验收签证和质量等级评定资料。

⑤质量与安全事故记录、分析及处理结果。

⑥施工大事记和施工原始记录。

⑦项目法人或监理单位要求报送的其他资料。

(4)经项目法人及监理部审核验收资料的数量和质量已满足验收要求后,由项目法人组织验收委员会(领导小组)进行。

(5)单位工程验收由项目法人单位组织并主持验收委员会(领导小组)进行,其主要工作同阶段验收。

(6)单位工程验收成果为单位工程验收鉴定书和单位工程质量等级评定表,正本一式8份,除送交项目法人、监理单位各1份外,其余6份暂存施工单位,作为合同工程竣工验收资料的一部分,副本若干份,由项目法人单位分送参加验收的有关单位和政府有关部门。

2019年8月30日,邯郸市借马庄泄洪闸重建工程建设处组织相关单位进行了永年县借马庄泄洪闸重建工程单位工程的验收工作具体验收结论如下:

永年县借马庄泄洪闸重建工程2个单位工程共8个分部工程,249个单元工程已全部完成。依据《水利水电工程施工质量检验与评定规程》(SL 176—2007)、《水利水电建设工程验收规程》(SL 223—2008),结合现场施工情况,查阅施工资料,同意该单位工程通过验收。

## 四、专项验收

### (一)水土保持及环境保护验收

2020年12月28日,项目法人在邯郸市漳滏河灌溉供水管理处会议室组织召开了永年县借马庄泄洪闸重建工程水土保持设施与环境保护工程验收会议。参加会议的有邯郸市水利局、邯郸市环境保护局、邯郸市借马庄泄洪闸重建工程建设处,以及设计、施工、监理等单位的代表和特邀专家。与会人员组成了该项目的水土保持设施与环境保护工程验收组,验收组查看了工程建设现场,查阅了技术资料,听取了建设、监理、施工等相关单位水土保持设施与环境保护工程工作情况的汇报,经质疑、讨论和认真研究,形成验收意见如下:

项目法人依法编报了水土保持及环境保护方案,实施了水土保持及环境保护方案确定的建设期各项防治措施,基本完成了批复方案确定的各项防治任务;建成的水土保持及环境保护设施达到了水土保持及环境保护法律法规及技术规范、标准的要求,质量总体合格;各项水土流失防治指标达到了水土保持方案确定的目标值,较好地控制和减少了工程建设中的水土流失;建设项目环境得到了有效的保护;运行期间的管理维护责任基本落实,符合水土保持及环境保护设施竣工验收条件,同意该工程通过建设期水土保持及环境保护工程专项验收。

**(二)档案验收情况**

2021年11月24日,河北省水利厅在邯郸市亿润工程咨询有限公司会议室召开了《永年县借马庄泄洪闸重建工程工程竣工档案》专项验收会议。2021年12月3日,河北省水利厅下发《关于印发永年县借马庄泄洪闸重建工程档案专项验收报告的通知》(冀水函〔2021〕20号),验收结论如下:永年县借马庄泄洪闸重建工程工程竣工档案比较完整、客观、准确地反映了工程建设情况,符合水利部《水利工程建设项目档案管理规定》《水利工程建设项目档案验收管理办法》的要求,得分为78.9分,其中归档材料质量与移交归档项得61分,经综合考核评议为合格等级,达到了水利工程建设项目档案验收标准。同意该工程档案通过专项验收。

**(三)消防设施**

永年县借马庄泄洪闸重建工程无厂房、仓库,无新增办公、住宿等建筑用房。启闭机室建筑面积为173.76 m²,参照《建筑设计防火规范》(GB 50016—2014),该工程建筑用房均不涉及消防验收。水工建筑物施工过程中,已按照设计要求对指定部位完成了防火堵料、防火涂料等施工,并已随主体工程通过了验收,不需要进行消防专项验收。

## 五、合同工程验收及竣工验收

(1)当合同项目工程已按批准的设计文件和施工合同要求完建,可以发挥工程效益,并经过一个洪水期的运行考验后,及时进行竣工验收,通过验收后限期向项目法人单位办理资产移交手续。

(2)工程竣工验收具备的条件:

①工程已按合同规定和设计文件的要求完建。

②工程经分部、分项工程验收、阶段(中间)验收和单位工程验收合格,在质保期内已及时完成剩余尾工和质量缺陷处理,施工现场清理完成。

③各项独立运用的工程已具备正常运行的条件。

④工程安全鉴定单位已提出工程安全鉴定报告,并有可以安全运行的结论意见。

⑤验收要求的各种报告,资料已经整理就绪,并经监理部及项目法人审查通过。

(3)合同工程竣工验收前90 d,工程施工单位向监理部及项目法人提交工程竣工验收申请报告,并随同报告提交或准备下列主要验收文件:

①工程施工报告。

②验收提供及备查的资料。

③项目法人或监理单位根据合同文件规定要求报送的其他资料。

(4)监理部接受工程施工单位报送的申请验收报告后,认为不符合竣工验收条件或对报送文件持异议的,在28 d内通知施工单位,否则在56 d内完成预审预验并在通过预审预验后及时报送项目法人单位限期组织和完成工程竣工验收。

(5)竣工验收委员会的工作主要包括:

①听取工程施工单位、设计、监理及其他有关单位的工作报告。

②进行现场检查验收、审查竣工资料。

③对工程施工是否符合合同文件及设计要求做出全面审查和评价。

④对合同工程项目质量等级做出评定。

⑤确定工程能否正式移交、投产、运用和运行。

⑥确定尾工项目清单,合同完工期限和缺陷责任期。

⑦讨论并通过合同工程竣工验收鉴定书。

(6)工程竣工验收的成果是竣工验收鉴定书和合同工程质量等级评定证书。通过竣工验收后,由验收委员会签署竣工验收鉴定书和合同工程质量等级评定证书。正本一式8份,除送交项目法人单位和监理部各1份外,其余6份连同历次阶段、单位工程验收鉴定书和工程质量评定签证一并移交项目法人单位。

# 第六章　缺陷责任期监理工作

## 第一节　交工验收与工程交工证书

### 一、交工证书的类型

#### (一)合同工程的交工证书

合同范围内的全部工程基本完成并圆满通过本合同规定的交工试验检查时,承包人应向监理工程师提交书面的交工验收申请报告,同时附上一份在缺陷责任期内以预定速度完成任何未完工作的书面保证,监理工程师收到承包人的交工申请报告后,经过对工程的全面检查,确认工程符合合同要求,应向承包人签发全部工程的验收交工证书。

工程若不符合合同要求,监理工程应书面指示承包人影响基本交工验收需要完成的所有工作和任何缺陷。承包人完成并纠正了所指出的任何缺陷之后,承包人应申请检查验收,工程达到合同要求后,监理工程师才能签发交工证书。

#### (二)部分工程交工证书

监理工程师按照前条原则和程序,应就下列各项部分工程签发交工证书:

(1)永久工程的任何主要部分已经完成,能够独立交付使用。

(2)建设方选择占用的或使用的任何工程。

(3)合同中规定有不同交工时间的任何部分工程。

#### (三)分阶段交工证书

分段完成的路段或单基工程,具有独立使用价值,可分阶段交工,经交工验收后交付使用,全部完成后统一进行竣工验收。

### 二、签发交工证书的基本条件

#### (一)承包人提交交工验收书面申请

监理工程师收到承包人的交工验收申请报告和有关总结报告资料、书面保证。

#### (二)工程确实完成

监理工程师应对承包人申请交工的全部工程或部分工程进行全面检查,确认其主体工程已全部完成,剩余工程很少,在缺陷责任期内完成这些工程时,不影响正常使用和行车及施工安全。

#### (三)工程检验合格

(1)监理工程师经过各单项工程的验收确认项目工程质量符合设计和规范要求,且各项资料齐全。

(2)监理工程师在各种场合以不同形式向承包人指出的各种质量问题,均已得到妥善的解决。

### (四)现场清理完毕

监理工程师确认承包人对其申请交工的工程进行全面的现场清理,包括临时用地和材料场、取土场。

### (五)交工资料

监理工程师确认承包人已根据合同要求,提交了完整的交工资料。

## 三、交工证书的签发程序

### (一)成立交工验收检查小组

监理工程师收到承包人递交的交工验收申请,并确认承包人经过自检合格,指派专人全面负责交工检查工作,并报建设方组织有建设方代表、监理工程师、质量监督部门、设计代表及使用单位接管参加的检查小组。

监理工程师还应提示承包人列席参加并负责提供检查小组检查工程时所需的情况、资料、人力和设备,为交工检查提供服务。交工验收检查小组的任务是:

(1)进一步审查交工验收申请报告。

(2)现场检查申请交工验收的工程。

(3)审查承包人缺陷责任期的剩余工程计划。

(4)根据以上情况写出交工检查报告。

(5)决定是否签发交工证书。

### (二)对交工验收申请审查

(1)审核承包人自检合格报告。按合同要求核实工程和完工程度,列出交工工程和未完工程一览表;汇总自检质量资料,准备申报评定工程质量等级。查明修补的工程项目、技术资料的分类立册等。

(2)确认承包人交工验收申请报告,对申请交工的工程范围、交工工程的外观质量、质量缺陷的处理、交工资料的完成情况等描述全面、准确;剩余工程及计划安排合理可行,并写出书面审查意见。

(3)对基本符合合同有关条款规定的交工验收申请报告,验收检查小组予以接受,但必须在审查意见中明确指出存在的问题及修改的建议。

(4)对与合同条款有关规定存在较大差距的申请报告,检查小组不予接受,并写明审查意见,予以退回。

### (三)检查与评估

检查小组接受承包人的交工验收申请报告后,应分组对承包人的交工工程进行内业资料和现场的检查。

1.内业检查

(1)施工记录资料。

(2)技术交底文件。

(3)隐蔽工程检查验收记录、地探及地基处理记录、桩基施工记录、桩基检测及试验记录。

(4)图纸会审、变更设计、洽谈商会议记录。

(5)质量事故发生及处理结果记录。

(6)竣工测量记录及工程定位测量记录。

(7)基础、结构工程验收记录。

(8)新技术、新工艺、新材料、新设备、应用情况资料。

(9)试验资料及试验汇总表。

(10)单位工程验收记录及质量综合评定表、分部工程检验记录。

(11)工程照片、声像资料。

(12)工程竣工总结资料。

2.现场检查

(1)检查小组应分组对承包人在自检基础上的交工工程进行现场检查,检查应根据部颁《水利工程施工质量检验评定与验收》所规定的检测频率、检验方法对交工工程的任何工程进行检查,主要检查申请交工工程外观质量、外型尺寸是否与竣工图相一致,各类构造物及工程范围内所有现场的清理情况。对检查中发现的与竣工图表的差异和所有工程缺陷做详细描述及记录。

(2)检查小组对检查情况进行全面评估。包括现场详细检查和评议(评估),评审检查结果,讨论签发交工证书事宜。重点对检查中及以前发现的工程缺陷是否可被立即修复或已被修复或作为剩余工程留待缺陷责任内完成,并与缺陷责任期的剩余工程计划相对应。

**(四)检查报告**

无论检查小组是否同意签发交工证书,均应提交一份交工检查报告,报告内容包括:

(1)概述:承包人申请交工验收的工程范围,工程完成情况及提出申请的过程。

(2)交工检查小组的邀请信及任务。

(3)检查小组人员名单。

(4)检查活动过程。

(5)现场检查的内容。

(6)小组的评议:①是否接受交工;②对缺陷的讨论。

工程是否已经完成,是否接受剩余工程计划,同意于何时(年月日)签发交工证书(或不予签发交工证书)。

(7)附件。

主要内容为承包人的交工申请报告、组成交工检查小组的文件、检查活动计划、现场检查的工程缺陷一览表及被批准的承包人剩余工程计划。

评价报告应发给承包人、建设方及签发交工证书的其他有关各方。

**(五)签发交工证书**

(1)检查小组提交检查报告后,总监理工程师应与业主商定正式交工验收与签发交工证书事项:交工验收由建设方负责组织,应邀请政府部门、上级主管部门、提供资金银行、财政、设计单位、质量监督部门代表、承包人等派代表参加。

(2)工程交工的日期以检查小组决定的签发交工证书的日期为准。

(3)交工验收经过总体核试验,应评定工程质量等级。

(4)工程交工证书应包括以下内容:

①获得交工证书的工程范围。

②工程获得交工证书的日期。

③交工证书的签字人(建设方、总监理工程师、驻地监理工程师、承包人各方代表、设计单位代表)。

(5)交工证书由总监理工程师签发。

# 第二节　缺陷责任期的监理

## 一、缺陷责任期

(1)根据合同规定,交工证书签发之日就是缺陷责任期开始之时。起算日期必须以签发的工程交工证书日期为准。

(2)签发一份以上证书的情况下,缺陷责任期应分别从各证书签发日期算起。

## 二、缺陷责任期监理工作的内容

**(一)检查承包人剩余工程计划**

监理工程师应定期检查承包人剩余工程计划的实施,并视工程具体情况建议承包人对剩余工程计划进行调整。

**(二)对工程进行检查**

(1)监督承包人在交工证书中规定的日期之后尽快完成当时尚未完成的工程。

(2)在缺陷责任期满之前对工程进行检查,指示承包人修补、重建和补救缺陷、收缩或其他毛病,承包人应在缺陷责任期内或期满后的14 d之内实施工程师指示的上述所有工作。

(3)确定缺陷责任及修复费用。

①监理工程师应对工程缺陷发生的原因及责任者进行调查,对非承包人原因造成由承包人进行修复的工程质量缺陷,应根据合同条款规定,做出费用估价,在合同价格上追加费用并相应地通知承包人及送给建设方一份该通知副本。

②因承包人原因造成的工程质量缺陷,承包人未能在合理的时间内进行修复,建设方雇用他人和支付费用来完成这项工作,这笔费用应当由建设方从承包人处收回,工程师应与建设方和承包人协商之后,做出费用估价,同时工程师应相应地通知承包人和送建设方一份副本。

(4)缺陷责任期工作内容。

①尽快完成交工证书中确认的剩余工作,尽快整修"工程检查表"中所提的缺陷工程监督承包人对"剩余工作计划"的执行,督促承包人尽快整修缺陷工程,并对完成的工程进行检查和验收。

②对缺陷责任期内出现的新的缺陷进行修补、返工经常检查工程现场,及时发现缺

陷;指示和监督承包人及时修补缺陷;调查分析新缺陷出现的原因,确定缺陷责任和修复费用。

③继续进行竣工图纸和竣工资料的编制整理工作,监督承包人继续进行竣工图纸和竣工资料的编制和整理工作。

④继续处理合同支付、工程变更、延期和索赔等方面的遗留问题,为编制最终结账单做准备。

⑤缺陷责任期结束时,为提出发放"缺陷责任终止证书"的申请做好准备,缺陷责任期后期为签发"缺陷责任终止证书"做准备工作。

(5)督促承包人按合同规定完成交工资料。

### 三、缺陷责任期的监理组织

监理工程师应根据剩余工作量和工作配套需要配备缺陷责任期的监理工作人员。包括现场巡视、检查的监理人员、负责质量检验的试验人员及处理合同事宜(索赔、变更)、办理支付、督促交工资料的合同管理人员。

### 四、《工程缺陷责任终止证书》的签发程序

#### (一)《工程缺陷责任终止证书》签发的必要条件

(1)监理工程师确认承包人已按合同规定及监理工程师的指示完成全部剩余工程,并对全部剩余工程的质量检查认可。

(2)监理工程师收到承包人含有如下内容的终止缺陷责任申请:

①剩余工作计划的执行情况。

②缺陷责任期内监理工程师发现并指示承包人进行修复的工程完成情况。

③竣工图纸资料已全部完成。

#### (二)成立缺陷责任期工作检查小组

(1)监理工程师确认具备签发"工程缺陷责任终止证书"必要条件后,应成立由监理工程师、建设方、设计单位、质量监督部门、养护管理单位及有关单位和人员参加的缺陷责任期工程检查小组。需要时,承包人列席并为检查小组的工作及日程安排提供服务。

(2)检查小组的任务主要为:

①审查承包人终止缺陷责任的申请报告。

②对工程进行最终的整体检验,并侧重缺陷责任期工作内容的检查。

③审查竣工图纸和交工资料。

④对缺陷责任期的工作情况进行评价,确定是否签发"缺陷责任终止证书"。

# 第七章　结论与展望

改革开放以来,我国水利工程施工技术的发展突飞猛进,行业不断总结经验,中国水利建筑业以前所未有的规模和速度发展,充分展示了我国水利工程的发展实力和前景。随着我国经济和社会的不断发展,社会和人民对生态环境与防洪排涝提出了更高的要求,水利工程作为关系到国计民生的基础建设,其规模在不断的提升,这就需要扎实的施工技术与全面的项目管理作为保障,才能更好地适应时代的发展。未来监理行业需要在现有发展的基础上不断创新,以此来满足社会和人民对现代水利工程提出的要求。

## 第一节　本工程总结

本工程建设过程中,各参建单位从严把关,加强工程质量、安全管理。项目法人严格把关工程质量和安全工作,工程质量由施工单位自检、监理单位平行检测、项目法人委托第三方检测的方式,严格控制工程质量。建设单位、监理单位、施工单位均设立安全员岗位,对工程建设全过程进行安全监督。

目前,低碳建筑已逐渐成为国际建筑界的主流趋势。在本工程建设过程中,参建各方为减少化石能源的使用,提高能效,降低二氧化碳排放量,采取了低碳环保的能源利用方式。采用了太阳能综合利用、雨水收集再利用及其他低碳使用技术。低碳建筑技术大幅度降低能耗,可使建筑碳排放水平降低50%左右。

## 第二节　水利工程技术的发展方向展望

随着信息技术的快速发展,水利工程施工中也应当积极引入先进的信息技术,提高施工技术管理信息化水平。在其管理方面,要充分利用计算机、多媒体的优势,提高施工计划书编制的信息化水平。在施工过程中,可以利用互联网技术实现对施工情况的远程监控。针对当前我国水利工程施工技术的现状,以此来提高施工技术水平,给施工带来巨大的经济效益和社会效益。随着信息技术的发展,这也是提高建筑企业经济效益和竞争力的有效途径。将互联网技术应用到施工远程监控中。

传统的施工技术有局限性、应用范围狭隘等缺陷,在未来,我国水利工程将利用机械自动化施工技术替代部分人工施工技术,利用绿色环保施工技术替代高耗能、重污染施工技术。建筑施工创新通过技术的发展改善建筑的使用和存在形式,强调高新技术在水利工程中的应用及表现。

# 第三节　结　语

　　综上所述,随着建筑工程施工技术的创新和应用,在促进我国水利工程施工质量不断提升的同时,也使得人们的观念在发生着越来越大的变化。未来水利工程的发展,需要科学的人文观、环境观、资源观的保障,只有具备这样的施工技术应用观念,才能够更好地促进我国社会经济的发展。